Ne Nane Yae Luabu Buku

Flora and Fauna Book

Yapua Kirapeasi and
Karl and Joice Franklin

Kewa Language

West Kewa Dialect

SUMMER INSTITUTE OF LINGUISTICS
Ukarumpa, Papua New Guinea

This publication was made possible by a grant from the
National Cultural Council of Papua New Guinea
Port Moresby, Papua New Guinea.

Published 1974

Printed by the S.I.L. Printing Department
Ukarumpa, E.H.D., Papua New Guinea

National Library of Australia
Card Number and ISBN 0 7263 0177 9

TABLE OF CONTENTS

PREFACE

Go bukuri ora repenanu, yaanu, sapinu, waanu, yasanu, aganu, yapanu, oyaenu medaloma page nipuna bi tu aya. Go bi adali rabu oge remaa page adaina. Go remaare mo yaenu madaa agaa mana lagialia.

Abasadere nimina akuanumi apo oyae luabu adisimide. Goa pua nimumi bi rado rado maasimi. Goa pua abia page nimimi oyae bi radonu maaeme. Nogo naakinumi go buku adaliminalo niaame tisimade.

Gore Mr. Yapua Kirapeasipara Mr. Ibirepa Roasupara kogono adaapu waru pua ni raba misipi. Ni yade, Usa Kalo.

* * * * * * * * * * * * * *

This flora and fauna book is intended as a post-primer reading book and follows other graded materials in the West Kewa series. Over 20,000 people, living mainly in the Kagua Sub-District of the Southern Highlands District, speak this dialect. It is also understood by people of the Eastern (Ialibu and Kagua Sub-Districts) and Southern (Erave Sub-District) dialects numbering over 20,000 speakers also.

This book is outlined into 35 separate categories of flora and fauna, represented by over 800 entries. The main categories are trees, foodstuffs, animals, birds and insects as well as miscellaneous other flora and fauna. The entries are not meant to be exhaustive but are fairly complete in some categories.

Mr. Yapua Kirapeasi worked with Mr. Ibirepa Roasu to collect information on many of the entries. Many other men from the village of Usa also helped. It is hoped that this book will prove especially beneficial to Kewa children in primary schools. Even though many flora and fauna species names are specific to a region, the descriptions of the items and their use should allow the book a wider interest throughout the West Kewa area.

The pictures in the bird section of the book were drawn by Mr. Uria Yabera, a Wiru student of Borona village, Pangia Sub-District. Mr. Yapua Kirapeasi drew some pictures in the flora section.

Repenanu

aana palopalo Aana palopalo gore nipu ora supara aya. Ora adaa repenadaa dia pare nipuna ini ora adaapupe etala. Goa pia raburi yapanumi naleme. Gore nipuna palaa ope sibiare mena iti pusalema. Go mena itiri ora puri waru pataga niaame pusua ima.

abo Abore gore adaapu aya pare nipuri puri waru napata. Goa puare nipuna yo aguri adaape. Pare go abore oge adaa laapo aepe. Go nipuna iniri yapa wasa onasanumi pamu neme pare niaa onaamere nanema.

ainabo Ainabore gore ora ope alipuna yago. Pare nipuna to kadipi mada nipuna yore yaako pea. Nipuna ini alipu raapu padanea pea. Go ainabo nipu page muare nu sitimi.

aipa Aipare gore ipa malaa aya. Medare yo pepo pi adaape mada adaalu aya. Iniri gore pa kati pea. Aipa meda dipapi madaa nipuna ini kaane etea. Gore repa repa adaapu aya. Medare yo ogesi madaa aapu yameme. Medare yo kaane ogesiga su amaapara aya.

ala Alare gore to page nipuna yo page ora ogege pua ora epe repena aya. Go repena ala nipuri ora puri waru pata. To madaare kadi pea. Goa peapulu ribu pulalore go repena muare ribu adapara mea ipua mena kupa wabalapara yapa iripara pawa awesimi.

alepa

Alepare gore nipuna tore taga pea. Nipuna iniri adaalu etala. Nipuna yore paa pea. Nipuri ora puri pane repena aya.

akenaakena

Akenaakenare ora adaa repena madaa nipuna yo ora adaa dia pa epe aya. Pare nipu ora ketone repena aya. Tore kobere aya.

apai

Apairi gore nipuna yore ogesi aya. Goa puare nipuna tore taga pea. Gore nipu ora puri pataga e kepo pima. Waape page poalema. Ada pirare aba naladaa namealeme. Nipuna iniri ogesi madita.

apela

Apelare gore yo rigirigi pua o alulaune ata. Gore go repena nipuna iniri ora ogegesi etea. Gore repena apela nipuri ora puri waru pata. Gore nipu e kepo adaapu pape page poalema. Go repenare eyame adeaga puri pata.

arepe

Arepe madaare gore eyana amega nipuna yo ora ogesi ata. Apaa-para ora yaako pua abi naramuala. Ora puri waru pane epe repena. Nipuna yore oro meda dipiala oro meda wala opala pia.

apolaapola

Apolaapolare gore nipuna tore taga pi madaa yore ogege pia. Goa puare nipuna iniri adaalusi etala. Nipuri napeyoare kaane etala. Nipu mea reke pima raburi ipa lapo repo pirala. Gore kagaa page irua page nalema.

aromaatoma

Aromaatomare gore ora repena adaape aya. Pare nipuna yo page ora adaape aya. Umunanere yaako pea. Nipuna iniri ora adaape etea. Gore nipuri ketone repena puri napata.

asa galogalo

Asa galogalore puri pane adaalu madaa nipuna yore rudu rudu aya. Goa puare nipuna ini pena etala raburi oto pia. Napeyoare wala dipa pia. Gore mua talema rabu kalai waru pua talema. Nipuna iniri gore padanema pirala. Ora puri waru pata.

atore

Atore gore ini ora adaape madita. Nipuna yo page adaape aya. Nipuna to page gore ora adaape puri waru pata. Nipuna tore kobere aya.

bakira

Bakirare gore ipa lapo aya. Medare nipuna ipa waru pia. Gupa wasa nona piane. Medare ipa napia. Nipuna tore puri waru napata. Goa peaga niaame go repenare ada pulalore pa mema pare e kepo napema.

diwi

Diwi ipa lapo aya. Medare ipa koma pa palata pirae ia. Meda page yo ogegesi ayaga padane ipa koma aya. Medana yore adaalu. Medana yore rudu mada ogesi. Gore ora puri waru pata.

REPENANU

dolo

Dolore nipu ora puri pane repena aya. Repena dolo nipuna yore ora ogesidaa parepena. Medare nipuna iniri abu pi etala. Gore muare onanumi nu waru sitimi. Go repena palaa muare rai kutuna de page waritimi pare go repena nipu adaa adaalupe dia pa rudusi suama aya.

egaene

Egaenere gore ora puri waru pane repena aya. Nipuna yore adaalu aya. Go yo muare ogere page yawema. Nipuna iniri kaane etea. Ora adaa dia pa epe ini ogesinu madiala. Pare go repena naramualaga puri ora waru pata.

eke narenare

Eke narenare nipuna iniri oge mada nipuna yore ora rigirigi pua ogesi etala. Nipuri oge tomato nona piane etala. Mo repena uni nipuri ora puri waru pata. Gore nipuna apaapara ogege adaapu pirala. Gore kagaa nanalema. Irua ora nalema pare repena nipuri ogesi aya.

ewano

Ewanore gore maapupara page eparipara page pa awaya. Nipuri adaa repenadaa dia. Nipuna tore kobere madaa iniri adaalusi etea. Apaare koberega no runane pia. Gore abade nasaya pare abia balinumi mea ipua go repena aya.

emabo

Emabore aanumi aalu madaa pepena pulalo rialeme. Emabo medare ora adaa yo aya. Medare yo ogesi aya. Umunanere ora abu pua madaananere kagaa karere ta. Goa pea raburi aanumi mata pabolalo mua eno madaa ritimi. Mo repena puri panedaa dia.

eya

Eyare ora puri pane repena. Gore niaame go repena ora epe repena mudu tema. Gore ada pulalo e kepo pulalo ipa ro aditalo go repena mema. Go repenare medaare eya tema. Medaare eya made teme. Eya madere gore epe kone ia. Ora eyare puri waru pata. Gore apo repenare pename aya. Nipuna yogane page radaa pua roke ta.

galagala

Galagalare gore ora oma pae repena nipuna to madaare ora etolo etolo waru aya. Aanumi page nipuna to mada naoraaema. Nipuna iniri etoa pa pulu rubebe pea.

gili

Giliri gore ipa lapo aya. Medare adaa gili madaa yo page adaape aya. Nipuna ini page ora katopa nona piane kaane etea. Medare yo ogesi aya pare go repena lapo rata puri waru pata. Ada pulalo page e kepo pulalo page go repena meme. Go repena maali ora adaapu aina dia yalia.

i

Go repena iri gore ora adaa repena. Nipuna yo page parepena aya. Gore nipuna yogane kaane. Nipu madaa ipa waru rubia nipuna iniri ora adaape gupa muli ini adaaperupa etea. Nipuna apaapara ogege ini adaapu piaga mua irua nalema.

igira

Igirare gore yo rigi rigi pea pare nipuna tore kobo rala. Nipuna iniri abu pi pa etoa pulu rubala. Puri waru pata pare nipu ora adaa repenadaa dia. Pa oge repena aya.

<u>kabo</u>

Kabore epe repena. Gore nipuna yore ora ogegesiga aako ruka raapuri nipu padane pianega gore ora raaname omoa aako yamema. Nipuna yore ora ogesi aya. Nipuna tore ora oma paya. Puri napataga gore nipu pa yogane padane mua gimeme.

<u>kabukabu</u>

Kabukabure gore oge epe repena mada nipuna to page ogegega pepo pia. Nipuna to madaa page pepeso ta. Nipuna iniri oge kobere etala. Pare nipuri puri waru pane repenaga kogono rado rado pima.

<u>kagu</u>

Kaguri gore adarepara wai poalema. Nipuri ora adaa repenadaa dia. Pa oge epe repena aya pare nipuna yore adaa madaa kagaa karerene. Ini kaane madita pare eta page kaboa waria awalema.

<u>kala</u>

Kalare gore ope sibialeme pare yore ogesi aya. Nipuna tore dipapi aya. Nipuna iniri parati etala. Nipuri adaa repenadaa dia. Pa oge repenasi aya. Nipuri aa opepara ainabopara kalapara ora padane ope nona piane repena aya.

<u>kaladi</u>

Kaladiri gore yo page ora adaape. Nipuna ini page ora adaape. Medare nipuna yo mena raapu nalema. Medare nanalema. Gore nipu ope sibia pusua nu page saleme. Gore nipuna unimi soko pe page warialeme.

kalaka Kalakare nipuna to madaare koberea. Nipuna yore ogesi aya. Nipuna iniri gore ogegesinu etala. Goa pua pare mo repena nipuri ora ketone repena. Pare ada pirare pa mealema.

kalamu Kalamuri gore nipuna to madaa etolo etolo waru aya pare gore nipuna apaapara apaa waru aya. Nipuna yore oge abarara nona pea. Nipuna ini etea raburi yai lubu waru pea. Go page nipuna iniri aapuna ini nona pea.

kama Kamare gore nipuna yo dipapi madaa rudu ata. Goa puare nipuna ini kaane etala. Gore nipuna ini mua raimi reke pua mea adalema pare oge yaa kuta apaa nona pia. Gore nipuri irua page kagaa page nalema.

kame Kamere gore ribu adapara mea pua ribu pere tua keapu page depealeme. Go kamere gore ribu pere taleme. Go keapu depeape yae saleme. Goa padanere pimiga pare maarea.

kaane ula Kaane ula gore ora nipuna yo ogesi ayapulu ora rigirigi pea. Goa puare nipuna tore koberea. Iniri pa ogesinu etala. Nipuna yore mata pabolalo aapu yamalema. Pare nipuna to madaare oge etolo page aya. Nipuri repena so waru teme.

kati Kati gore epe repena ipa lapo aya. Medare maa madaa abu pea. Goa pua yo ogesi aya. Medare gore yo dipa pua adaape aya. Go repena lapore gore ora puri waru pata. Ekepo adadaa page go repena mealeme. Goa puare nipuna ini etala pare nanema.

kea Kea ora epe repena mada kadipi to aya. Nipuna yore kaane aya. Nipuri ora sugilima ne repena aya. Nipuna iniri etoaga aba pulu rubala.

kega Kegare gore eparinini aya pare gore kega ora nipuna yo rado rado ae adaapu aya. Pare nipuna iniri adaalu etala. Kega nipuri ora puri waru napata. Pa oma paya. Nipuna apaapara agalakua ia. Gore apaape peberoa puri napata.

kegaalone Kegaalone nipuna yore ogegesiga mo repena riaare gore taga pi ata. Nipuna ini kaane ogesi etala. Gore nipu maali adaapu patea rabu page naramea.

kenoa Kenoare gore pa remo ada pulalo mi yae. Gore nipu muare remo ada peme raburi nipu pa opo ata. Pare aba ripiare remo payamo mada niti pisimi.

kete

Kete gore nipuna tore taga pi mada nipuna yore adaalu. Nipuri puri napata. Nipuna iniri pa ogesi etala. Nipuna tore abi aipapulu ramuala.

kilua puria

Kilua puria ora puri waru pane repenaga nipuna yo page ogegesi aya. Nipuna tore kadipea. Nipuna apaaparare kaane aya. Nipuna iniri gore pa ogesi pa kulubu nona piane etea.

kipu

Kipu gore onaa medaloma ki kia noa peraani radaa pua yaina omesimi raburi gore remo meda pulalo go kipu yo misimi. Mo repena to nipu page misimi.

kirape

Kirapere gore ipa lapo. Medaare yo ogege pi. Medaare yo parepena aya. Medaare yo oge oge pi aya. Gore nipuna ini lapore ogesi adaalu lapo etea. Gore nipu lapo rata puri napata. Pa oma pae repena lapo aya.

kirape roto

Kirape rotore gore yo ogesi aya. Nipuna iniri adaalusi madaa rimu pi etea. Gore go repena ini madaare yaa kuta nona piane yaa meda pirala. Go repena nipuna tore koberea. Nipu ketoloa sugilima waru yala.

koae ini

Koae iniri adaape muli ini nona piane etala. Adaa gupa etala raburi niaame raloa rubalema. Nipuna tore ora midi waru peapulu ora kogono rado rado pema.

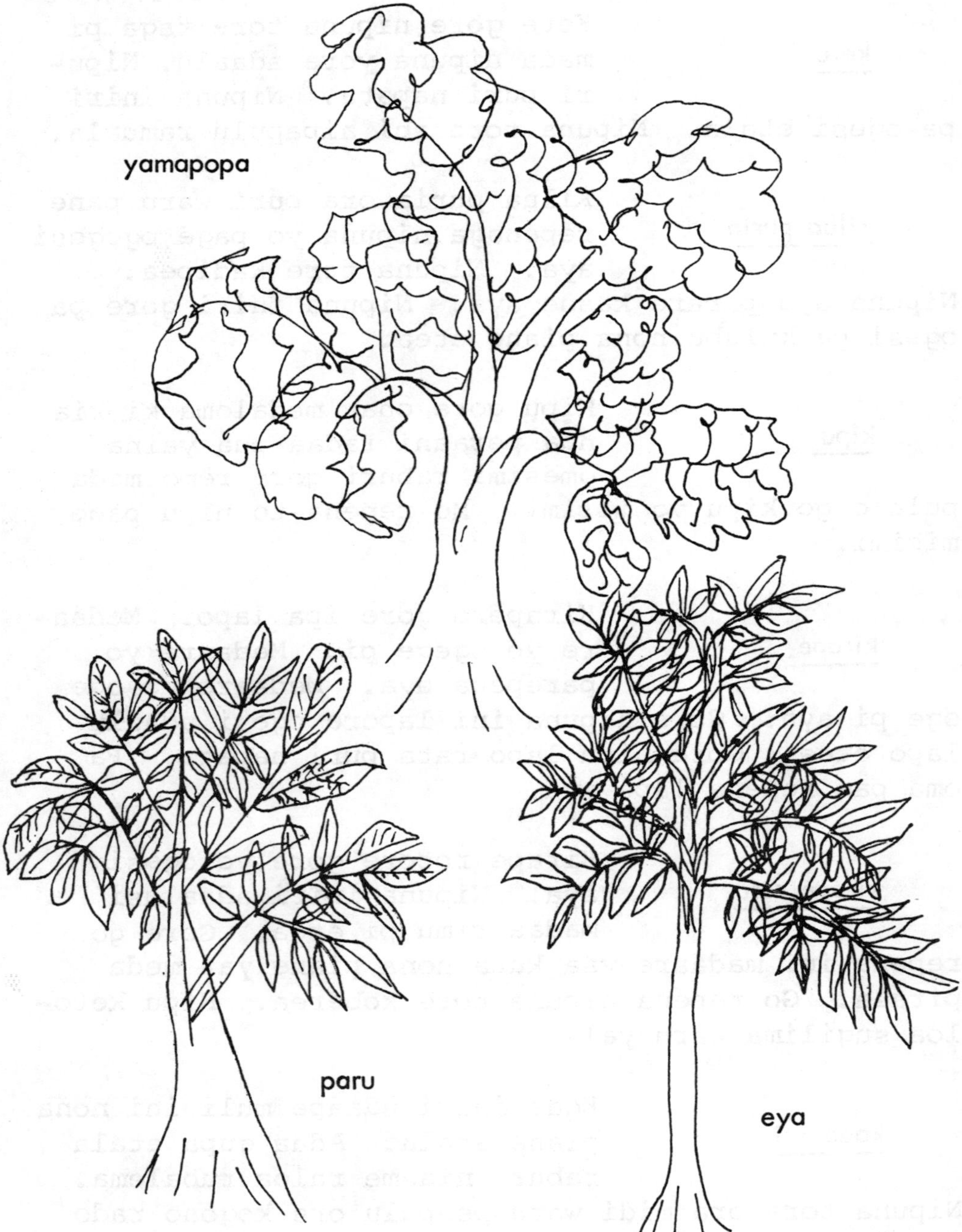
yamapopa
paru
eya

koborame

Koboramere gore nipuna ini kaane maditaga nipu ora adaa repena dia. Pa oge repenasi madaa yo ogesi ayapulu nogo naaki yo go yaeme pua madisimi. Repena to nipuri gore puri ogesi pata.

kubakuba

Kubakuba gore nipuna yo pa ogesiga pena kagaa aya raburi kaane yo aya. Pare aba agata aburi wala kagaa karere yala. Nipuna tore pa taga pia pare nipu puri napane repena. Pa keto lakipiae repena aya. Pare ada pira mealema.

ku

Kuri gore ora puri pane repena aya. Nipumi waa pepara ada pape yae page mealema. Nipuna yore ogesi aya. Ini eperupa naetala. Pa etoa pulu rubala.

kutairia

Kutairiare gore yo ora ogesi rigirigi pea. Gore nipuna ini page kaane madita. Gore nipuri puri pane repenadaa dia. Nipuna to koberea. Go page nipuna tore moropeta.

lai

Lairi ora adaa repena. Nipuna yo ora adaa repena aya. Nipuna to poa muare repena lai waritima. Nipu ora midi pi repena aya. Nipuna tore taga pea. Ini etearupare pa kupulu tuapulu rubala.

loai

Loairi gore ora puri waru pata repenaga so wagalupara aya. Go repena nipuna yo page palaa page ora yae ata. Nipuna iniri ogesidaa adaa mada puri waru pata. Nipuna to page ora puri waru pata.

REPENANU

<u>lobo</u>

Lobore katipi repena aya. Nipuna yo to page kati pea. Ini page luabu kati pea. Gore nipuna tomere e kepo pema. Waape poaema. Ora epe puri pane repenaga kepo pema. Adapara iritima rabu page waru eperupa narea pare pa yagema.

<u>luga</u>

Lugare waiare gore ora adaa repena pega nipuna yore ogegesi aya. Tore taga pi mada nipuna kidu lau lau ta. Iniri yaako pi mada waru eperupa naetea. Repena nipuri ora puri waru pata.

<u>maai</u>

Maairi so raapara aya pare nipu kawi nona piane aya. Gore nipuna iniri madita pare nanema. Nipuna maare poa nema. Nipuna uni muare eta roaema. Etaane kawi page waria pabo ima. Nipuna tore ora puri pataga ada palaa page tema.

<u>maakati</u>

Maakati gore yo page adaa nipuna ini page adaa etea. Nipuna tore ora puri waru pataga aanumi go repena raaname waru omeme.

<u>maraki</u>

Maraki gore paupara ata. Nipuri e kepo pua waa pe page poalema. Goa puare ora puri waru pataga e kepo pima. Nipuna iniri yaako pi etala. Goa pia rabu yaame aba aipaulu nabala. Nipuna to madaare pa kade pi nona pia.

magala

Magala gore adaa repena puri pane repena aya. Nipuna iniri etoa pulu rubala. Nipuri ora adaa repena kaapu page waru rala. Nipuna apaapara kaane repena aya. Goa peapulu nipu aipapulu na-ramea.

mabo

Mabo gore ope nona piane ayaga ora repena. Gore nipuna to madaare ora nili nona pua etolo etolo waru aya. Nipun tore ora puri waru pata. Iniri gore abu pi etala. Yore ogesi aya.

malaa

Go repena malaa nipuna yore parepena madaa nipuri ora puri waru pane repena. Nipuna iniri adaape kobere etala. Rai gaapimi mea rekepi raburi aga atinimi ade ipa malaa pirala. Gore nipuri ora rede waru piapulu kagaa page nalema. Irua page nalema.

maluemalue

Maluemalue ipa lapo aya. Gore medare ora adaa repena yapulu ada pulalo page poa rekeneme ada peme. Medare pa sugilima yoa ota. Gore adaa repena aanumi page raaname waru omeme. Nipuri ora puri waru napata pare pa oma oma ta.

mama

Mama nipuna yore pa repenaga ini page kaane etala. Repena nipuri ogesi mada puri waru napata. Nipuna tore gore kadipi aya.

mano

Mano gore ora ada kagurepara pa aanumi epa poaeme. Go repena manore go Usapara adaapu naaya. Go supara padane padane laatapu aya. Nipuna yore etolo etolo awa rigirigi pea. Nipuna tore kobere mada o laulaune aya. Go repenare ora epe tapulu so teme. Nipuna ipaa muare wasarupa imi.

mapi

Mapiri gore nipuna yore ora adaa-lupe. Iniri ogesi gupa ogedaa adaa pare nipuna tore medare puri pane. Pare medare puri waru napata.

mapola

Mapola gore yo ogesi aya. Nipuna tore adaape. Gore nipuna yore dipia ora medare wala yo opala pia. Nipuna yore gore rulamimi pi rudusi. Medare nipuna to puri napata.

marabe

Marabere gore repo malaanu page aya. Gore repena marabe medare pipi teme. Gore ora kadi pua ope laulau ta. Medare gore pa kade pea. Medare pa mada pea. Gore nipuna inipara yopara rado rado aya. Go repena marabe luaburi medare puri pata. Medare puri napata.

mari

Mari gore epe repena yo paapi ata. Gore nipuna ubi kepea ada pimi. Gore nipuna yogane ora puri pataga ada go yae kepea pema. Nipuna yo paapi mada tore taga pea. Nipuna iniri gore ogesi epe yaako pi etala. Gore nipuna yoganeme waa page abutama.

mariatoge

Mariatoge gore pa repena madaa ralapati yaega nipuna iniri kaane etea. Nipuna rugi madaare abu pea. Nipuna yore ogesi aya pare tore puri napata.

maruba

Marubare nipuna yo ogegesi madaa nipu ora puri pane repena aya. Gore nipuna iniri waru naetea. Pa pulu rubebe pea. Nipuna tore pa kadipi mada pepo pea. Go repena yo muare nogo naaki yo page pua maditimi.

meme

Memere ketone repena. Nipuna yore ogesidaa adaa madaa pa repena. Nipuna iniri ogesi madaa baro nona pi etea. Go repena nipuri ora puri waru napata.

moka

Mokare gore maa kupa pi madaa tore ora etolo etolo aya. Nipuna iniri abu pi etea. Gore nipuna tore morope morope loa rage pape awi nasala raburi pa maloratema. Goa pima raburi waru ralaa.

momai

Momairi gore ora adaa repenape. Gore nipuna yore abu pia. Goa peaga nipuna yogane muare nu sitima. Menanuna iti page pusitima. Yapara page sitima. Gore pena kagaa poare repena egaapara irua yaako pinaloa sibitima. Goa puare adaapu mua nu sitima mena iti pusitima.

yodorui

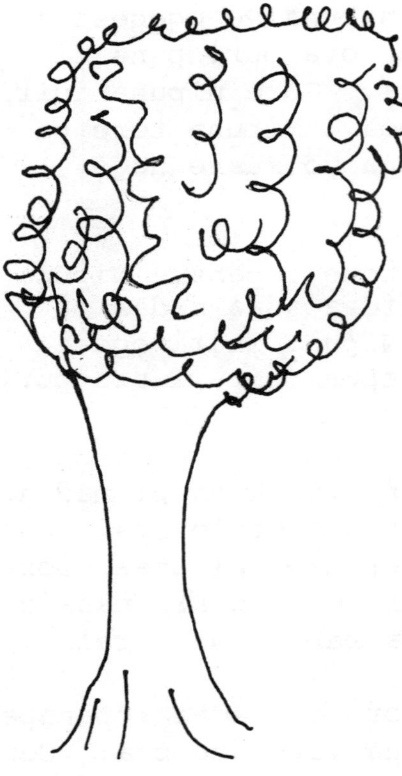

pai

kalamu

mugu

Mugu page gore ipa lapo aya. Medare yo parepena. Medare yo oge aya. Gore ini etea raburi abu pi etea. Go repena muguri e poape lamaapara ada irape lapo iritima.

muni

Muni gore ora adaapu aya. Gore nipuna yogane page oge madaa laulau lapae ia. Gore nipuna yore ogege pi aya. Goa pea pare nipuri ora puri pane repena aya. Niaame ada pira mu waa pe mu pema. Adaparà kaapu iritima rabu page ora epe ta.

muta

Mutare ipa repo aya. Medare yo pepo peaga soko abulua neme. Meda page muta rama yoga soko abulua neme. Gore go muta lapona iniri kaane etea. Medana yore ogesi ayaga soko naabutimi. Gore go repena luabu puri napata pa oma paya. Goa pea pare adapara kaapuri pa yagema.

muta ramaa

Muta ramaa gore remo ada luabuna pepena paeme. Adaalu ribuna page rudu ribuna page ala adapara page gore remo wae yae yawesimi raburi go repena yo misimi. Gore nipumiri remo page meda narogaa repena page nanesimi. Pare wae yae remo adapara aguri gore mea puala pisimi pa nipuna pepena patalo.

mutarasa

Mutarasa gore ini kaane madaa pakene etala. Yo page adaa ata. Nipuna to madaare yogane laulau ta. Pare nipu puri pane repena aya.

REPENANU

naapu

Naapuri lapo aya. Medare onaame poaeme. Medare pa opea. Medare naapu wai. Medare naapu yadapu. Go repenare ora aanumi wai poaeme. Ada kagurepara page epara page aya. Ada irape page go repena ora puri paloa epe ta.

nekea

Nekeare gore ipa malaa aya. Medare yo parepena aya. Lapomere ini madiala pare lapome ini namadiala. Medana yo muare rere rogaatema. Pare nipuri ada pape pira page mealema. Adaa repena kaapu page wasu iralema.

nekea potoma

Nekea potoma ora repena ketenega nipuna yore ora ogesi. Nipuna iniri besaa ini nona pea. Nipu ora puri napata. Nipuna tore taga pea.

nema

Nema gore ora yo dipa pi madaa nipuna tore kobo rala. Goa pua nipuna ini etala raburi yaako piaga yaanu adaapu ipula. Nipuri ogesi puri pata. Gore nipuna yago meda naayaga nipu padane aya.

nima

Nimare gore ora nipuna yore ora adaape madaa ini page ora adaape etala. Nipuna tore kadipi nona pea. Nipuna yore oge aai yo nona peapulu ogere page pa yawema. Nipuna tore ora puri napata.

numa

Numa gore ora nipuna apaaparare kaane aya. Nipuna yore ogesi madaa ini kaane etea. Nipuna ini pa etoa pulu rubebe pia. Nipuri ora puri pane repena aya.

ode Odere ora puri pane repenaga nipuna yore agolae madaa pepo pi aya. Go repena ode ora epe repenaga nipuna ini ogesi etala. Gore ada pirapara waa pepara go repena puri patapulu kogono rado rado adaapu pima.

olo Olo gore padane momai nona piane repena. Nipuna yore ora adaalu madaa parepena aya. Nipuna yore oro medare dipibala pua oro medare wala opala pia. Gore nipuna yogane sibiare mena iti page pusalema yapara page saleme. Nuri nasaleme. Go repena nipuri ora keto la kipiae repenaga yoganere ora roke waru yala.

olopena Olopena gore nipuna yo page to page repena kopi nona piane. Nipuna iniri gore ogesi etea. Nipuna tore ora puri pane repenaga niaame kogono adaapu go repename pema.

omai Omai gore ipa lapo aya. Medare nipuna yo kaane adaa aya. Medare yo pepo pi ogesi aya. Gore nipuna iniri yaako pi eto aya. Nipuna tore ora puri napata. Pa oma pae repena aya.

onasaonasa Onasaonasa gore pa nipuna yo adaalu madaa umunane yaako pi adaalu repena yo aya. Nipuri ora puri pane repena dia. Pa epe repena aya. Nipuna tore taga pi aya.

REPENANU

<u>ona waria</u>

Ona waria gore ora puri pata. Pare nipuna yore ogesidaa parepena aya. Nipuna iniri adaape madaa ipa repo rekepea. Nipu ora puri waru pane repena aya.

<u>opo</u>

Opo gore medare ora oge mada kalo tala. Nipuna yo adaalu madaa ini kaane etala. Medare yo page yaako pi madaa ini page yaako pi etala. Go page nipuna to muare modo sape lama page su awape lama ponalema. Goa pua ora epe puri pane lama tema.

<u>orapi</u>

Orapi gore nipuna tore kadipi ata. Pare nipuna yogane sibiare onanumi nimuna nu onaapu sitimi. Nipuna yore ogegesi. Iniri ogegesi madaa kaane etala.

<u>osari</u>

Osari gore pa repena madaa ralapatua ata. Go page pa supara opeare gore ora ada repena madaa naaya. Nipu oge repenasi madaa puri waru pata. Nipuna iniri kaane etea. Gupa epe kaane palawana ini nona piane. Nipuna yore ogesi. Nipuna tore o laulau ta. Gore nipuri paupara ora adaapu aya.

<u>pai</u>

Pairi aga ete rabu ora sala. Pai nipu pena akero tala raburi yaa giga raparapa lapo yada epa pirala. Gore napeyala raburi onaapara nogo naakipara mena luabumi waru mua nalema. Go page niaa kobere aanuna lasarupa.

palopalo Palopalo gore ora puri waru pata. Gore nipuna iniri gupa magomawe madaa baro nona piane etea. Go repenamere e kepo pu ada repena wasu yageme. Nipuna yore pa ogesi mada pa epe redepo ne aya. Adaalu dia pare rudusinu aya.

parepa Parepa gore ipa lapo aya. Medare yo adaape aya. Medare yo oge ogesi pi aya. Go repename ada pema pare ora epe repena yapulu ora epe ta. Repena nipuri puri waru napata.

paru Paru gore umunane yaako pua madaananere kagaa karere ta. Gore medare ora yo adaape aya. Gore mena robaa paru tema. Medare adaa madaa nipuna eke yolo rita. Medare yo ora ogesi madaa aapu yolo rita. Goa pua adema raburi gore paru yo rado rado adema. Goa pua bi rado rado tema.

pawa Pawa gore ora epe repena aya. Gore nipu ora epe repena madaa etolo page yada napea. Gore nipuna tore ora koboroa epe ta. Nipuna yore rigi-rigi pua mano yo nona pea. Gore repena so teme raburi go repena ora kaloa ora epe ta. Nipuna ini madita raburi gore poroa ora epe repena kama ini nona pea. Nipuna to page su amaa ia raburi abi naramea. Imaa niti biri repena kaane teme.

REPENANU

paaku

Paaku gore ora adaa repenape. Nipuna topara yopara gore ora adaape madaa kagaa karerene. Nipuna iniri gore ora adaape etala. Aanumi poaleme raburi pa midi pua arenu abi narolatabala. Gore nipu ora puri napata.

paare

Paare gore eta roaema. Lapa modo petema. Nipuna yore kati pi aya. Go yore gore ora adaa dia pa ogesi aya. Nipuna iniri kaane etala. Gore nipu ora puri pane repena aya. Pare nipu adaa repenadaa dia. Pa oge repena.

pepeawe

Pepeawe gore ora ketone repena. Nipuna yore ora adaa parepena ata. Pepo waru puare etolo kipara pula rabu kalai pua mealema. Ada pulalo pira page mealema. Nipuna iniri pa aapu inirupa madiala. Gore nipuna tore kedaa napia.

pepena

Pepena nipuna tore puri napata. Nipuna tore kobere madaa yoganepara ipa waru pia. Yore ogesi madaa ora epe repena aya. Ini oge yaako pi maduapulu rubebe pea.

pepe

Pepere gore ora repena epe ta pare nipu puri napata. Nipuna iniri ora ogesinu etea. Gore nipuna to page yo page kagaa karere ta. Mo repena pepere nipuri ada pirapara ada irape repena kaapu lapo mema.

perepere

Perepere gore ketone repenaga nipuna yore ogesi madaa nipuna tore kobo rala. Nipuna ini madita rabu yaako pi etea. Nipu puri pane repenadaa dia.

pili

Pili gore ora puri pane repenaga nipuna yo pepo pi aya. Gore mo yore ora adaadaa dia. Go repena nipuri ora puri waru pata. Nipuri mena iti page pusalame. Pare nipuna iniri rulupa ini nona piane etala. Pare repena nipuri epe redeponedaa dia.

pipina

Pipina gore repena napuna yagoga pipina sukunapu nipu rado. Gore nipuna iniri pa ogesidaa adaape etea. Nipuna yore ora rigirigi pua ora napu yo nona pia. Nipu ora puri waru pane wae repena aya. Rage pi raburi midi waru pia.

pita

Pita gore ipa lapo aya. Gore medare maa pepo pi aya. Medare pepo napea. Gore go ipa lapo ratame nu page sitima pare ora epe ope dia. Go repena pitaare ora midi waru pi repena. Epe repenadaa dia.

pogata

Pogata gore repena ora epe redepone repena ata. Goa pua nipuna yogane page laula pirae sala. Nipuna yore ogegesi mada porala raburi kalo tala. Nipuri puri waru napata. Oma pae repenaga ada pira mealema.

repenanu

poke

Pokere gore oge repena madaa nipuna yore ogegege aya. Gore umunane yaako pia. Ini etala raburi muare repena egaapara mea irua nalema.

pora

Pora gore yo yaako piga nipu ora adaa repena. Nipuna tore taga pi ata. Go page nipuna yogane raakepene raburi no apaapara pakeala. Gore nipuri ada pira page mealema. Suba page mealema.

poro

Poro gore aanumi aako yameme pare ora puri pata repenadaa dia. Yogane muare aanumi aako yameme. Pare go aakore puri napata. Nipuna yore pepo pi madaa ogesidaa adaa. Nipuna tore kati pia. Nipuna iniri gore ogesi etala. Gore nipu ora puri napata-pulu kogono napemaga pa aya.

puki

Puki gore ora epe repenaga keto ta. Gore mo nipuna tore ora taga pua mada pea. Gore nipuna yo dipa pi madaa ogegesi. Pare ada kaapu waru yagalema rabu page waru narala. Pa kogo agu roa ora oyala.

rekari

Rekari gore ora adaa epe repena pe ata. Gore ke mogopara nogo-para pe yae ora adaape ata. Gore nipuna pitaamere nu saleme. Go repena nipuna maali patulalo pi rabu yo dipibala pia. Gore nipuna ini madialaderupare makia inirupa etala pisa.

REPENANU

remo raga Remo raga gore nipu oge repenasi madaa nipuna yore adaa pa repena madaa rimu pia. Goa puare nipuna ini napeyala rabu kata. Goa pua nipu na apaaparare gore besaa nona pua kobo rala. Nipu raloare gore oma pataga kimi polaminua rage pua nalema.

ribi Ribi gore nipuna topara nipuna yo page abu pi aya. Nipuna iniri aba etoa pa pulu rubala. Nipuri adaa repenaga puri waru napabeaga aina gimema.

rigane Rigane gore ipa padanema go e pari paranu ata. Nipuri ora puri pane repenadaa dia. Pa kuma ne repena aya. Pare ada pira padanere mealema. Pare repena nipuri ora aipapulu ramea. Goa peapulu niaame gimema.

rimurimu Rimurimu nipuna to madaa ora rimu putala. Goa puare nipuna yore dipa pia. Goa puare pa waape po ada piranu page mealema. Ini ogege yaasi madiala.

roba Roba gore nipuna yope ora adaape. Gore nipu yogane muare onanumi nu saleme. Pare adapara kaapuri nayagaleme. Nipuna iniri adaape rulupa ini nona piane etala. Pare yapame nipuna nala.

rogema Rogema gore repena ora adaalu madaa nipuna yore adaalu ata. Nipuna topara nipuna ini lapore kadi pia. Gore niaame keroare aaname page rai gaapi ugumi page talema. Nipuna aapara lapo pirala. Gore rage ode nona pia. Kagaa page irua page nalema pare rede waru pia.

ropea Ropea gore nipuna yore adaa parepena. Pare nipuna tore kadipi aya. Nipuna iniri kobere etea. Go repenare ora puri waru pata. Nipumiri e kepo page pema.

roto Roto gore ora repena waru puri pataga raimi poae raburi eperupa nanala. Goa pua nipuna yore ora adaalupe. Goa pua nipuna ini page adaape etala. Nipuna yomere gore niaana rere page mea rogaatema. Go repena roto yome rogaae rabu muburu sala.

ruka aako Ruka aako gore ora epe repenaga gore ora aako yamema. Go aakore ora epe ta. Nipuna yore gore ora adaa parepena aya. Gore nipuna tore ora dipa pua epe ta. Goa peapulu nipuna yogane muare aako yamema rabu ora puri pataga abi nakuru pea. Goa peapulu go kobere aanu luabuna mudu aako yameme.

ruku Ruku go ada kagurepara wai poaema pare gore nipuna tore taga pea. Nipuna yo madaare ipa waru pia. Nipuna iniri namadita. Nipuna yore ogegesi aya. Nipuna to page adaapedaa dia.

REPENANU

<u>rulupa</u>

Rulupa gore raapara page ada aanumi poae page aya. Gore medare aipa rulupa tema. Medare kiru rulupa tema. Gore nipuna yopara nipuna inipara lapo rata nema. Goa pema pare gore ora rede waru pea.

<u>ruma</u>

Ruma gore oge repena madaa ipa repo aya. Medare yo ogesidaa adaa aya. Medare ora parepena aya. Medare ora ogesi aya. Go repenare ora puri waru pata. Nipuna iniri maluagi nona piane etoa.

<u>sita</u>

Sita gore ipa repo aya. Medare apaa peberoa madolo madolo pea. Goa pua nipuna yore agolaya. Medare taga pi madaa yo etolo etolo aya. Goa pua nipuna to page adaape. Meda yo oge madaa go page etolo etolo aya. Pare go repena repore puri napata.

<u>subi</u>

Subi gore adaa repenape aya. Nipuna yore poroa kaalo ata. Gore nipuna yoganere ora roke yoa epe ala. Ada pulalore go repena subi ubimi pema. Meda subi yalu yalu tema. Gore ora adaa repena dia. Pa epe oge repena aya. Go repena lapo ratare ada piraa page mema.

<u>subi yaluyalu</u>

Subi nona pianega nipuri subi aani teme. Pare gona yore agolawa nipuna to page puri ogesi pata. Mo nipuna yo page agolaya. Ini madita raburi gore ogege mai bolo nona piane madita. Go iniri kaane etala.

tete

Tete gore yo kaane madaa pepo pea. Nipuna tore gore kobo rala. Nipuna iniri pulasawa wala dipi pirata. Gore nipuna yogane muare mena iti pusalema. Pare nipuna tore ora puri patadaa dia. Pa oma pae repena aya.

tiga

Tiga gore epe repena. Epera epera waru puare gore aai epera waa epera mealema. Nipuna ubi kepeare gore ada pima. Nipuri puri pane repena dia. Oma pae repena. Nipuna iniri gore abu pi madita. Nipuna yore oge oge pea.

toge

Toge ora puri napabe repena aya. Nipuna iniri ogesi etoa pa pulu rubebe pea. Nipuna tore kade pi aya. Pare go repena nipu ora puri napataga nimumi go repena nameme.

uria

Uria gore nipuna yo pa repena madaa kobere pare gore onanumi sibia ope pusua nu sitimiga ora epe ope. Nipuna iniri pepo pi ogesi etea. Pare mo repena nipu ora puri napata. Go page adaa repena dia. Pa oge repena aya.

wabu

Wabu gore oge supara ae repena. Nipuna iniri kaane etea. Nipuna yo muare aanumi romo upipi neme. Gore nipuna yo igigiae madaa adaa dia pare pa ogesi aya. Nipuna uniri gore kadipi madaa puri waru pata.

REPENANU

wakea

Wakea gore ora epe repenaga nipuna yore abu pi madaa to page abu pea. Apaaparare gore ora kaane aya. Nipuri ora adaa repena aya. Go repenamere kogono rado rado pema. Pare nipuri ora puri napata.

wakia

Wakia gore e peaema rabu epariniini adaapu opala. Go ogesi raburi onanumi sibia nu saleme. Nipuna yore parepena yapulu mena raapu yawoa nalema. Iniri yapame nala. Yo madaare etolo etolo waru adaapu ata. Goa puare kipara loma pula.

walea

Walea gore ora puri waru pane repenaga nipuna yore ora parepena aya. Go repena walea poare wako page waritimi. Nipuna iniri gore ogesi adaapu etea. Gore nipuna yogane muare irikai ari kateme. Gore nipuna ini kadupara poaeme rabu yapa tulalo pea.

walu

Walu ora repena puri panega nipu so raapara aya raburi yo ora rudu rudu pua nipuna maare ora adaalupe aya. Goa pua nipuna tore ora puri waru pataga aanumi page kalaipu kogono pua poaeme. Gore go repena nipu padanere ora so wagalupara agu aya. Nipuri waanuna pe page poa ora kogono adaapu peme.

wano

Wano gore taga pi mada nipuna tore ora oma paya. Ora puri napata. Iniri ogesi kulubu nona piane etea. Nipuna yoganere oyae rogaatalo mealeme. Pare nipuna yoganere midi waru pia.

waria — Waria gore ipa lapo aya. Medare gore ona wariatema. Medare gore aa wariatema. Ona wariana iniri gore ora adaape. Aa wariana iniri gore ogesi. Go repena wariare puri waru pata. Go waria pitaame ralubi page waritimi.

yago — Yago gore epe repena puri pane aya. Gore niaame go repena poare rai gaapi de wariatema. Go repenare ora puri pane repena. Nipuna yore ogesi ata. Ini page ogesi madaa kaane etala. Nipuna to madaa ora mada naramuala.

yagopugu — Yagopugure gore rai gaapinuna de wariatema. Nipuna yore rigirigi pia yapare nipu ora puri pane repena. Nipuna ini oge maibolome ade etala. Nipuna tore taga pia.

yagura gili — Yagura gili ora padane repenaga ora puri waru pane repena. Gore ada pulalo page e kepo pulalo page ora go yagura puri pata loa niaame muaema. Ada pu e kepo pua ora kogono rado rado adaapu pema. Go repenare ora aene nona piane repena aya.

yala — Yala nipuna tore kiru pi madaa nipuna yore ogesi. Nipu ora puri pane adaa repena. Pare nipuna iniri eperupa naetala. Pa pulu rubala. Nipuna apaaparare midi waru pia.

REPENANU

yama popa Yama popa gore ora adaa repenape aya pare nipuna yo page ora adaape yapulu eta page yawema. Gore nipuna ini page ora adaape etea. Pare mo repena nipu puri waru napata.

yamo Yamo gore ora adaa repena so raapara aya. Gore nipuna yo kenu page mogopara puala. Mogopara puala monane puala puare ora ke waru adaapu aya. Goa puare aebo (6-klok) rabu nipuna yo u patea. Yai epea rabu page nipuna yo u patea. Naare waru eperupa rea raburi u wala rekea. Go repena yamo yomere gupa pea.

yatupa Yatupa yo to kedepeare gore rere rogaaeme. Riapara yopara luabu muare gore rere rogaaeme. Goa peme raburi rere aipapulu muburu ia.

yatutu Yatutu gore keto ne repena. Yoganemere ada pima. Nipuna yore gore ogesi. Gore nipuna iniri pa ogesi etala. Nipuna apaapara aipapulu ramua nala.

yake Yake gore ora nipuna yore pa ogesi adaa madaa nipuna tore ora taga pua yaako pia. Pa pare awa adoa page gore repena yake mo ayadaa tama. Nipuna iniri maibolo nona pia. Gore nipuna yore dipa pua ora epeala.

yodorui

Yodorui page gore repena mano nona piane repena. Repena pawa nona piane repena. Gore nipuna to page pawa nona pea. Goa pea pare nipuna yo ora rigi rigi pua ora epe ta. Abiare gore repena aa-numi ada awo ria ipua epa poaeme. Nipuri ora repena so tape padanere ora epe ta. Gore pawapara go yodorui lapore epe ta.

yoke

Yoke gore ora epe repena. Yore adaalupe madaa maare kaane ata. Go maare rama rugi nona pia. Nipuna tomere nu saleme. Nipuna pitaa page gore ora puri pane ope aya. Aanumi wamea raguna page tua adi peme.

Kabenu

agi

Kabe agiri gore ora puri waru pabea. Nipuna apaaparare suri naia. Nipuna peago pena opea raburi gore pepo pi opea.

apo

Apo kabere gore ora puri pane kabe. Aanumi etaane kabere go yaeme waritimi. Nipuna apaare suri naia. Nipuri adaa kabedaa dia. Pa ogege kabe-si aya.

kabe

Kabere gore ora kabe luabuna adaa binu.

koleyapale

Koleyapalere gore kabe mayapa meda ora adaape aya. Gore nipu-na to page repena nona pua ora puri pata. Nipuri kaane nona piane aya. Gupa waanu nona piane.

mayapa

Mayapare gore puri pane kabe rado. Go kabe ponoare ada palaa page tema. E kepo page pema. Nipuna yo page gore parepena adaalu. Nipuna peagore pepo pi opea.

ora

Ora kabere gore egele pimade kabe.

poleyapole

Mayapa poleyapole gore ora adaape. Nipu gupa waa nona piane. Nipu ponoare ada page pema. Maapu kepo page pema. Oyaeyae waru adaapu pema. Koleyapale poleyapole ora padane bi.

ro

Ro kabere gore nipu ora puri napane kabe. Nipu ada madaa egele pitima. Kabere gore ora ro kabe tema.

yana kiriri

Yana kiriri gore kabe nona piane yae. Nipuna iniri kaane madaa yapa posona aapu nona pea. Nipuna lomore raakepea padi nona pianega niaame nema.

kabe

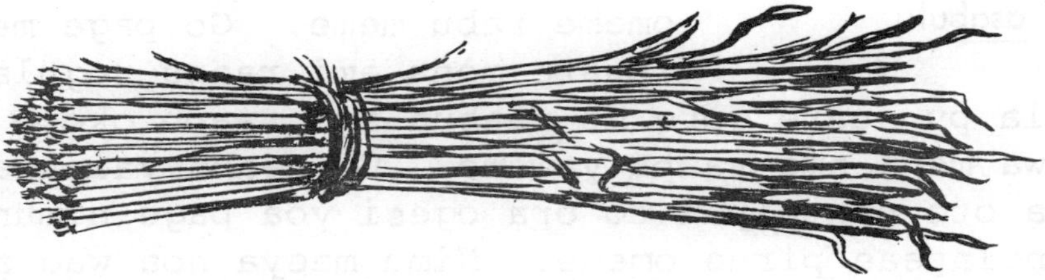

Openu

agaaga Agaagare gore oge repenasi madaana bi tema. Gore nipuna iniri otaaku nona piane pare nipuna iniri pepo pi etala. Go repenare gore to page adaape. Repena nipuna tore puri waru pata. Kagaa page irua page nema.

agoloma Agolomare ope kupa pu madaa etala pare gore nipu ora adaalupe etala. Go runanere ipa supunu pirala pia. Goa pua nape yoa sala raburi gore aine nona pia. Pare agaa ora puri pane onaamere mua irua naleme.

alipu Alipuri gore ora puri waru pane ope. Gore nipu ora repenadaa dia pare nipu opega onanumi waria nu sitimi. Nipuna yore gore pepo pi. Nipuna iniri ora ogesi kosaa nona piane etea.

apeake Apeakere gore nipuna yore kadipi aya. Nipuna maapara pepo pea. Nipuna tore kadipea. Nipuna iniri agola ini nona pi etea. Pare nipu ora puri pata. Go page nipu adaa repenadaa dia. Nipu pa onanumi ope karua pusitimi.

asabulu Asabulu page gore neabu yaina omeme rabu meme. Go page mea ipuare mena ami raapu rugula rugula pu suare gore mo neabua agi raapu okope lopawa mena ami raapu yaweme. Go neabu yainare to madaa oto pua nipua to ora ogesi yoa page nimuna uni nalapeae pirua omeme. Nimu maeya noa wae agaa rado rado teme. Goa puare nimuna to madaa oto waru pua omeme.

OPENU

bone

Bonere ope pu madaa etala pare nipuna yore pepo pi madaa adaa parepena etala. Etea raburi nipu muare mea asa minua iralema. Nipuna ipaa odabawa inipara rero pia.

ititu

Itituri mo neabu yaina madaa mealema. Gore mo ope ititu pena opalae muare mena amipara yabiapara mayadatawa neme. Gore redeme waru omeme.

nata

Natare yo pepo pi adaalu ata. Nipuri ora puri pane repenadaa dia. Go opere puri waru napataga niaame raaname waru naomema.

raberabe

Raberabere pa ripuga nipuri e pena polalo pema raburi nipu gopare opoa ini yaako pi madita. Medare ini kaane madita. Akua padaneme awa wala kaapu ta.

rimurimu

Rimurimu uniri ope kobere madaa nipuna ini puri pane adaalu etoa. Nipuna tore ora koboro mamaya. Aaname mea tua nalema raburi puri pata.

yakua

Yakua gore kagaa rekene adaa ora adaalu dia. Pa epe rudusi. Gore nipuna iniri adaalusi etea. Nipuri puri pane repenadaa dia. Pa oma pae repena. Nipuna ini nolalore yaa adaapu pirala.

ope

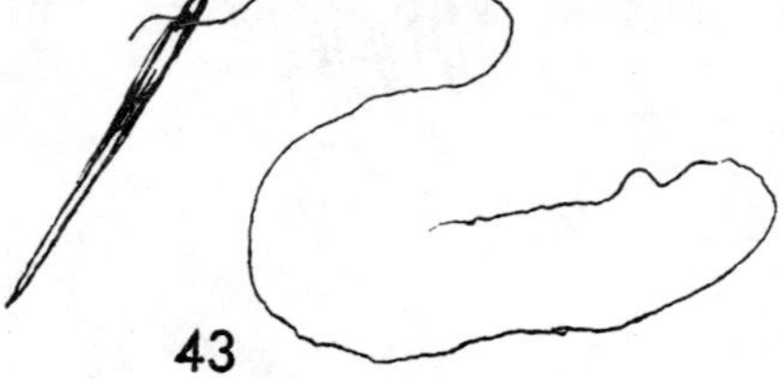

ega

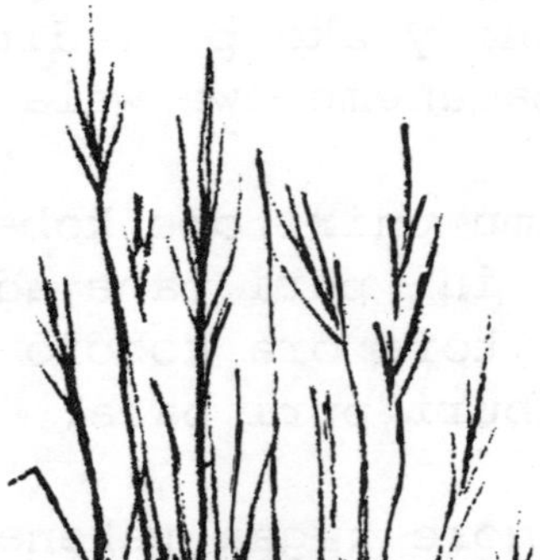

r ipu

Eganu

awa

Awa egare gore ora rero waru peadaa go ega nanama. Nipuna rokananere gore yaako pua mada pea. Awa egana bi medare ramitu tema.

ena

Ena ega gore yaginini page eparipara page gore oge epe ega iare gore ena ega tema.

epari

Epari egare abade e poa gimeme pare ega ora epe yae ia. Gore kuma pi ora epe ega ia.

kapapi eke

Kapapi eke gore ega nona piane yaega nipu ora ega ani. Nipu raapara aya. Nipuna tore ora pepo waru pua irikai kadena iri nona pi nipuna to madaa aya. Gore aga paria tulalo go ega yo mua tema. Gore ora egana ani.

kibialema

Kibialema gore egana biga imaa niti pua kibialemea tema. Ega page kibialema page lapo rata bi tema.

malemale

Malemalere gore so raapara aya. Yaa mataana eta nea. Nipuna tore etolo etolo waru aya. Nipuna maare madolo madolo pea pare mua kagaa page kusua page naleme.

nipu

Nipuri ora mena yapa yaa ena go yaenu raapu nema. Nipuri oge page adaa page adaapu aya. Medare pepo waru pea. Medare pepo waru napi aya.

EGANU

porerea

Porerea go page ega aani madaa nipuri ora epe kaa waru pi yae. Kaa pea raburi yapa kealeana kaa nona pea. Nipuna yore apaanane yaako pea. Gore lapo lapo aya. Medare pepo waru pea. Medare pepo napea. Gore aanumi mata tulalo aapu page yameme. Sekere page rogaawa imi. Aanuna tapada maluae madaa page go kapipi eke loroa imi.

raa

Raa ega gore ora adaape madaa nipuna raapara aya. Gore nipu ora adaape aya.

ramitu

Ramituri go umunane yaako napi pa pepo pea. Goa pua nipuna to madaa etolo waru naaya. Pare go ega lapore aani yapulu rede napua rero waru peadaa nane gimema. Ramituna bi meda awa tema.

ramitu kapipi

Ramitu kapipi eke gore adaape madaa umuna yaako pea. Nipuna etolore gore kobere madaa ora nili nona pea. Pare nipuna yo mua aga paria tema. Gore ramituna aani.

raparapa

Raparapare gore ora puri pane ora rado. Nipuna roloparare yaako pea. Nipuri etolo etọlo waru aya. Goa pua puri pata pare niaame nanema.

Ripunu

amaa noma — Amaa nomare gore aanu niaana epe kuma pi pare piruatalo poalema. Gore wae parere napoalema. Aanuna tapadaga madaare go amaa noma poalema.

apo — Apore gore maapunini aya. Nipuna iniri gore kaane madita. Nipuna to yo luaburi pugu waru pea. Pare nipuri e maapu luabupara aya.

egeta — Egetare maapunini aya oge ripu medana bi.

esawai — Esawairi gore mena gawana nape eta poaeme. Poaeme pare nipuna maa tore pepo pea. Gore mena gawame raaname waru omoa nea. Go ripu balinumi mea ipua poaeme. Abade go ripu naasa.

ini pitaa — Ini pitaare gore raapara aya ripu meda. Nipuna iniri rimu pi madita. Medamere kaane madita para go nipuri nogo naakinuna rapa pi yae.

irayama — Irayamare gore pa ripu medaga nipu maapu kubanini poamea. Gore mo maapu kuba madaa puri mapalatadaa gupa poaeme.

menairi — Menairi ripuri gore ora puri waru pata. Nipu rasua rubalalo peme raburi ora puri waru pata. Nipuna iniri gore parati madita.

RIPUNU

mumuna agaa

Mumana agaare gore ora pa ripu. Nipu ora adaa ripuri diaga pa supara aya. Nipuri adaaludaa napea pa su amaa su yamea.

noma

Noma gore mopo amaanini awaya ripuri gore noma agu awaya. Niaame go amaa noma ora wai poaema.

pole yamala

Pole yamalare gore ripu meda. Go ripuri abade nasa pare no pole pisimi rabu mea ipua pole yamala simi. Nipuri oge ripu madaa nipuna ini madita raburi epera lapo page repo page madita.

puluma

Pulumare gore no maapunini aya. Nipu ora epe yae dia. Pa ripu nona piane yae. Nipuna yomere ada puru yo pabalema.

remona kibita

Remona kibitare gore pa ripuga nipuri e meda polalo pema raburi gore nipu go pare opoa ini yaako pi madita. Medare ini kaane madita. Goa puare aipapulu mogo ramea. Nipu puri paloa akua repodaa naaya. Nipu akua padaneme awa wala kaapu ta.

ripu

Ripuri gore ora adaa biri gore ripu tema pare rado rado adaapu aya.

sapi ripu

Sapi ripuri sapi modo sua poaeme raburi gopara opea ripu luaburi gore sapi ripu aya. Modo ripu aya teme. Pa ripu rado rado luabupara gupa tema.

yagi

Yagiri go adạnu rigi temare yagimi pema. Yagi luabuna biri ipa lapo aya. Medare anedu yagi tema. Go yagiri nipuna yo page ora adaape madaa nipu adaalu yagi. Medare oge yagi ora rudu aya. Go yagimiri ada rado rado page adaapu pema.

yamala

Yamalare gore nipu ora ripu adaapu aya. Go yamala medare ora ogesidaa adaa aya. Medare pa ogesi aya. Go puti suaya ripuri gore go yapulu ora epeta. Go ripu ayaparare maapunini page raapara page nipu ora adaapu puti ia.

yairi kati

Yairi katiri gore maapunini aya. Go yaere ripu medana bi. Nipuri ora kati peadaa nipu yairi kati tema. Nipumiri mata rupema pare nipuri pa go su amaa ae ripu.

Raara

raara

Raara gore to luabupara radaa pea raburi gopara pakutima niaana to luabu mada. Aalu tea rabu page robaa nea rabu page uni kiki àà luabu nala peae pia rabu page gore raara yadatema. Yada pua aa medame repename tipara page gore raara pakitima. Go raarana kogonore gore gupa: to luabupara radaa palia page kedaa palia page gore raara nipuna kogono loa pakitima. Neabu yaina madaa page romo romo yaina madaa page malu yaina madaa page go raara agu pakuaeme yaina pua. Rudu ribu adaalu ribu luabu madaa page oge remo medalomane page raara yaina agu pua pakuaemega go raara nipuri ora niaana mudu mulamulare go raara tema.

Padinu

abu

Aburi gore ora onaame wai poadaa dia. Nipu pa raapara parata. Goa puare pa niaame warea nema. Menanumi page neme. Nipuna pitaare onaame awolalo peme raburi ora puri waru pata.

amu

Amuri gore ora epe padi. Nipuna tore pake ta. Go page ora adaa yoa epe ta. Nipuna pitaare gore kalai pua aweme. Gore onaame page go padi raaname omema.

boka

Padi bokare gore nipu ora mudu padi. Nipuna tore yaako pea. Gore nipu rede waru pea.

eko

Ekore gore nipu ora padi abu nona piane pare nipu ora adaalu padi. Nipu ora rede waru pea pare go padiri pa onaa luabumi raaname naomeme.

ipadu

Ipaduri ora abasana akuanuna padi. Go padiri ora apaa waru awoa epe rede pi padi. Nipuna to page ora adaa. Nipuna tore koberea. Nipuna yore gore ora adaape aya.

kama

Kamare gore ora epe padi. Ipadu-na yago. Nipuna tore ora yaako pi madaa ora rede waru pea.

padi

kiriri Kiriri gore nipuna yo page adaalu dia nipuna to page adaalu dia pa ora rudu padisi patea. Meda yana kiriri ne yae meda raapara ata pare nalema. Nipuri kabe nona pea. Nipuna iniri irikai aapu nona pianega kaane madita.

kusari Kusari gore ora epe padi patea. Go padi nipuna tore kobere yapulu niaame ora raaname omema. Nema pare ora rede waru pea.

loailega Loailegare gore ora waru epe padi kaane patea. Nipuna to page nipuna yo page luabu kaane aya. Goa peapulu go padiri epe ta kone sua nema.

padi Padiri onanumi maapu kagenapara poaleme pare opoa nape patea rabu warea nalema.

pepo Pepo gore ora epe rede pi padiga nipu ora pepo waru pea. Nipuna yo madaa page nipu ora abasana akuanuna padi.

sapia Sapiare gore epe padi. Nipuna tore kaanega epe padi patea. Nipuna to aalu page luabu kuma pua epe ta.

sapia rimu Sapia rimuri ora padi nona piane madaaga nipuna topara nipuna yo lapore gore nipu ora rimu pua adaa oto nona pea. Pare nipuna apaapara yaako pua epe ta.

Aapunu

aakoa

Aakoa gore ora epe mudu aapu. Go aapu aakoana to page yo page ora adaape aya. Aakoa medalomare ora adaa madaa oge repena nona pi aya. Nipuna yore adaalu madaa abu pi nona puare ora poro mamawa epe ta. Nipuna maa pena opeare omagu pea. Yo abana medaloma dipitalo pea raburi kaaloa dipipa lopea. Nipuri ini page madita. Go aapuri aanumi wai poaeme. Nipuri yawe pabolalo aanumi raana omoa yameme.

abanome

Abanome gore ipa lapo aya. Go aapuri ogere yawolalo aanumi wai poaeme. Nipuna yore karerene aya. Pare medare uni page adaa madaa yope page agola aya. Nipuna yore adaa parepena. Medare yo page pa epe madaa adaalu parepena page nipuna yore abu pi nona pea. Gore ogere yawapi ora aapu muduri go wai poaeme. Aanumi aapu page pa yameme.

aga popano

Aga popano go aapuri ora adaa aapu pare go aapuri raapara aya pare e kepo pua aanumi page wai poaeme. Go aapuri aanu pama yamoaeme. Pama mata tulalo page yameme. Ogere yawape yo page go aapu yo pua yawema. Nipuna tore ora adaape aya. Medaloma pa ogesi aya. Nip na yore ora adaalupe madaa parepena aya. Go adaapuri raapara page ada gaanini page aya.

asala

Asala gore ora kaalo mamae yae ipa repo aya. Medare ora ogesi mada kaalo tea. Nipuna yo page to page ogesi. Medare yo adaalu madaa pa kupa pea. Medare yo parepena madaa kaalo mamaya. Pare go aapu repore pama nayamema. Yawe sua go yawe madaa pedo pua yamema. Yawe tulalore ora mudu aapu tema.

baako

Baako gore lapo aya. Medare ora kupa pu tea. Nipuna to page oge madaa yo page oge aya. Nipuri kupa pi mena imu nona pea. Yore rudu madaa maasa adaniaaya. Medare yo page to page adaape aya. Gore pa nasupi madaa to koberea. Gore aa imu teme. Aapu pama nayame aa tua yope pua yameme. Mena tulalo page go yameme.

beamu

Beamu gore ora epe oge adaa madaa nipu ora wape lapo pea. Masaa medane yaako pi epala medapara karerene epala abu pi epala pua paaketa. Nipuna yore ogedaa adaalu madaa rugi nepoa rita. Gore aanumi maapunini poaeme. Yawe pabolalo go aapu ora yameme.

kala kawa

Kala kawa go aapuri kobere madaa repo aya. Medare oge madaa rudu-si. Gore yo page ogesi awa pa koberea. Medare yo nepoa rini madaa ogedaa adaa aya. Medare yo parepena madaa adaape aya. Gore ora koboro mamaya. Gore aanumi maapupara wai poaeme. Maapunini aya raburi onaa awae nona pea.

karubi

Karubi gore aanumi maapupara poaeme. Go adaapu nipuna yore adaa ogesidaa parepena aya. Nipuna yore abu pua paapu mamaya. Aanumi go aapuri yawe pabolalo yameme. Nipuna yore ogedaa parepena madaa adaa aya. Raapara ayare gore emagu pea pare naare madaa ayare gore ora ro mamaya.

kiyapi Kiyapi gore ora aanu luabumi raana omeme aapu. Nipuri oge adaa lapo aya. Go aapu nipu ogere gore yo page oge madaa paa pea. Nipuna paga page puri paloa reka aya. Pare adaa kiyapi nipuna yore parepena madaa pa palebe pirae ia. Aapu nipuna tore gore ora adaa adaalu aya. Go aapuri yawe pabolalo page yameme. Go aapu nipuri raapara adaapu aya.

melepa abanome Melepa abanome go aapuri sogo Yalipunane mea ipua melepa abanome teme. Gore to kobere madaa nipuna yo adaa parepena kagaa karere ta. Go aapu nipuna yore gore ora ogere eperupa yawema. Go page aanumi aapu yameme.

modaa Modaa gore ora epe aapu aanumi maapunini poaeme. Nipuna yore abu pi madaa oge aapu. Yo page ogedaa adaalu madaa aanumi raaname waru omeme. Goa pua yawe pabolalo go aapu agu yameme. Nipuna tore ogesi madaa yore waru adaapu konene yapae aya. Nipuna eke yolo rita pare ogesi parepena aya.

nekea royo Nekea royo gore ora epe aapu diaga pama yameme. Nipuna yore kagaa karerene madaa ogesi aya. Pare nipuna to ora adaalu madaa yo ora adaalu aya.

nupiti Nupiti gore ora epe aapu. Aanumi page yawe pabolalo raaname omeme. Nipuna yore yaako pala keborala puare paaketa. Go page nipuna yo ora adaalu diaga eperupa aya. Aanumi mata pabolalo udidi karua yameme. Gore aanumi maapu kagena madaa agu poaeme.

otaa kula

Otaa kula gore aakoana yago yapare nipuna yopara to page ora rado. Nipuna yore ogesi madaa ora adaalu naki aya. Nipuna yore ora waru ro mamawa epe ta. Go page aanumi raana omoa yameme. Nipuna tore oge aya. Nipuna ini page madita.

pora

Pora gore ipa lapo aya. Medare yo oma paya. Medare yo puri pata. Gore nipuna yore porala abu pala pua paaketapulu pora tema. Go aapu nipuna tore oge adaa madaa oma paya. Gore nipuna yome ogere waru yawema.

ramu

Ramu sapi ramu gore padane bi. Gore raapara nipuna pa ope aapu yapulu rado rado adaapu aya. Pare bi pa sapi ramu tema. Gore epe ogere nayawe sapi yawo oge oyaenu yawemapulu sapi ramu tema. Gore yo parepena ae page yo oge ae page yo rudu adaalu ae page ora rado rado aya. Pare yo muare sapi yawo e kepo pua gupa peme. Aanumi page go aapu yamoaeme.

uruba masatala

Uruba masatala go bi padane pare go aapuri raapara aya pare e kepo pua aanumi page wai poaeme. Go aapuri aanu pama yamoaeme. Pama mata tualalo page yameme. Ogere yawape yo page go aapu yo pua yawema. Nipuna tore ora adaape aya. Medaloma pa ogesi aya. Nipuna yore ora adaalupe madaa parepena aya. Ini etea raburi medaloma go ini madaa opoa paakipu niaya. Pare nipuri yo ora adaape ae meda rado aya. Medare yo ogesi ae aya.

AAPUNU

<u>yakora</u>

Yakora gore aapu yo adaalu madaa oge aapu yaako peapulu nimumi yakora teme. Go aapuri ora nipuna to page adaa madaa yaako pala karere yala pua ora eperupa paaketa. Aanu page go aapu raaname omoa yameme.

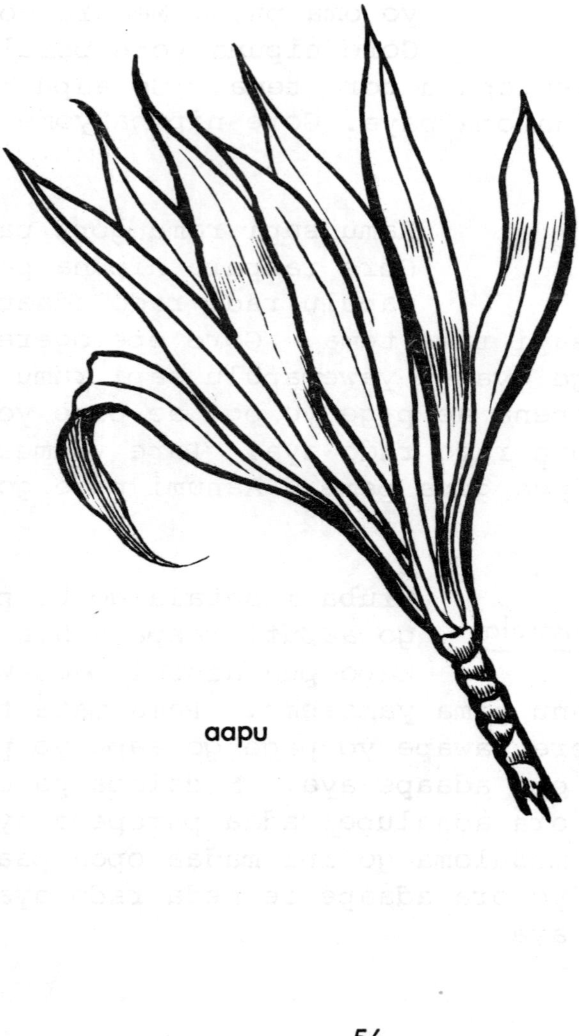

aapu

Lubinu

ane

Ane lubiri gore repena palaa ogege adaa luabu madaa page aya. Aana madaa page aya. Pare nipu ora kagaa karerene ayapulu onaa raaname omema. Goa pua mata pabolalo aanepara pagema.

kagaa karerene

Gore kagaa karerene lubi epe meda repena kagu madaa aya. Gore kagu lubi tema.

lubi

Lubiri gore lubi luabuna adaa biri gore lubi tema.

pepeasa

Pepeasa gore repena madaa aya pepeasapara luabu gore adaa biri pepeasapara lubipara teme.

pidirai

Pidirai gore epe lubi muare aanumi nimuna aalu iri openalo aalupara odo sua mena apaa pe raapu imi. Gore ora epe lubi rado teme.

walu

Walu lubiri gore nipu so raapara aya. Nipuri ora adaalupe aya pare gore nipu kati pi aya. Gore mua aanumi mata pabolalore aanepara pageme.

wapiasa

Wapiasa gore raapara aya pare ada page maapunini page aya. Gore ora gupa lubi tema. Epe wapiasa page wae page pepena pape wapiasa luabu gupa tema.

Uranu

apeta

Apeta gore onanu nimuna ora raaname omeme mudu ura gore apeta tema. Go urare ogesi madaa yaako pu mamaya. Yameme rabu page abi naruguta. Nipuri ipa paupara wai poaeme.

arepe paani

Arepe paani gore ura meda nipuna to ora adaape madaa parepena yapulu gore arepe paani aeme. Go ura mua teme raburi ora parepena aya.

kalia tipa

Kalia tipa gore onaame wai napoaeme pare nipuna ipa paupara pa opea. Go urana biri kalia tipa teme. Go urare gore nogonumi page nimuna asapu mua tua wasua yameme.

ura

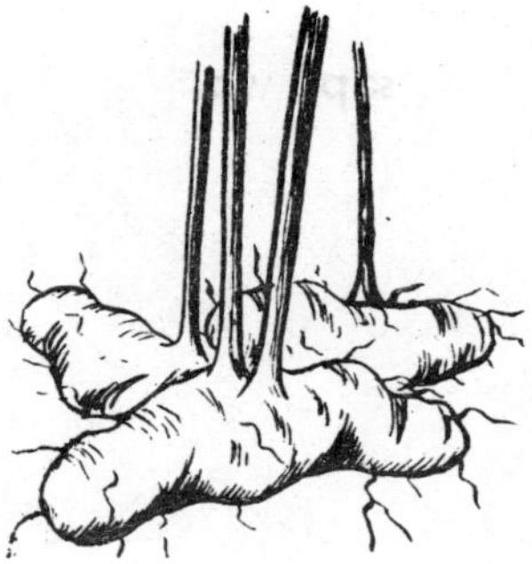

yabia

kaliapo

koba

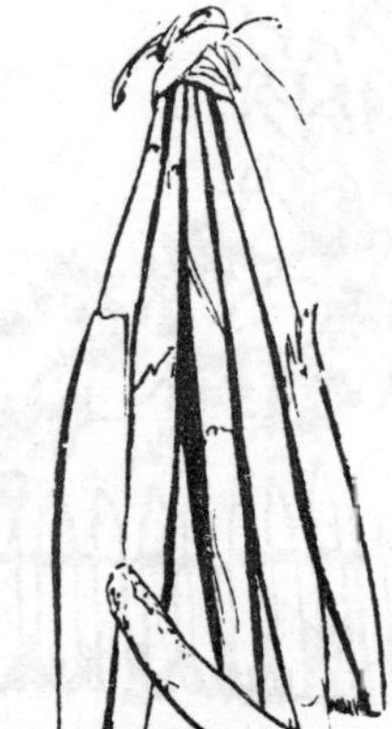

aalamu

sapi wai

nape sapi

maapu

Sapinu

anesigi

Sapi anesigiri gore ora epe sapi. Ora abasana akuanuna sapi. Nipuna yore rigi rigi pua kaane aya. Nipuna apaaparare abu pea. Goa pua go sapiri ora rede waru pea.

bale

Balere gore ora epe sapidaa dia. Nipu ora rameapulu mena katema. Nipuna apaaparare yaako pea.

balusa

Balusare gore ora epe yae aya. Nipuri ora rede waru pea. Go page nipu ora adaa sapi. Nipuna yore rigi rigi pea. Nipuna apaaparare yaako pea.

bale
basa

Sapi bale basa padane sapi. Go sapiri ora adaa sapi. Abana akuanuna sapi lapo.

bini

Biniri gore epe sapi. Nipuna apaapara abu pea. Nipuna yore rigi rigi pea.

gaema

Gaema ora rede waru pea. Nipuna tore porea. Nipuna apaare gore abu pea. Nipuna yore ogesidaa ada. Go sapiri ora epe tapulu onaame narumaaeme.

gawa iri

Gawa iri ora sapi adaape aya pare nipu ora maaku peaga mena katema. Nipuna yore parepena aya. Pare nipuri ipaa oto adaapu waru aya.

SAPINU

inabi

Inabiri go ora epe sapi. Nipuna apaaparare gore ora abu pea. Nipuna tore yaako pea. Nipuna yore rigi rigi pea.

ipapa

Ipapare gore abasana akuanuna sapi. Nipu ora kogapu pua epe puri pabe sapi. Nipuna yore adaa madaa parepena aya.

kalagu

Kalaguri ora epe sapi. Nipuna yoganere kaane aya. Nipuna yo page rigi rigi pua kaane pare nipuna apaaparare yaako pea. Goa pua nipu ora puri pane adaa epe sapi aya.

kapupa

Kapupa ora epe sapi. Nipuna apaare yola pirae sua ora epe ta. Nipuna yo rigi rigi pea. Go sapiri ora abasana akuanuna sapi.

kawa

Kaware ora abanuna sapi. Go sapina tore ora koberea. Pare nipuna yore ogesinu aya. Go sapi nipuna apaapara gore yaako pea pare nipu epe rede pi sapi ayapulu nema.

kitipi

Kitipiri gore ora epe sapi aya. Nipuna yore katipi aya. Nipu napere yoganere yaako pea. Sapi nipuna apaapara page yaako pea. Kitipi opaa padane sapi.

konome

Konome ora epe puri pane sapi aya. Nipuna yo page kaane nipuna to page kaane pare apaaparare yaako pea. Go sapiri onaame page raaname omeme.

lakelakeaa Lakelakeaare gore ora abana akuanuna sapiga ora epe ala. Nipuna yore pepo pi aya. Nipuna apaapara yola pirae saladaa ipa no saapirua nalema. Pama ne rabu maa sala.

maaka Maakare gore ora abasana aanuna sapi. Nipuna yore ora parepena madaa maare kaane opala. Go sapiri puri waru paloa epe ta.

madi pore nogo Madi pore nogore gore ora epe sapi. Nipuna tore kaane aya. Apaaparare gore yaako pea. Nipuna yore gore rigi rigi pea. Bi medare madi pore nogo tema.

maluae Maluaere gore ora apaa yola pirae sapi madaa nipu ora epe ta. Nipuna tore pa kadipea pare yore ogesidaa parepena aya.

magata Magatare gore nipuna tore kaane. Nipuna yore rigi rigi pea. Gore ora akuanuna sapi. Nipuri rede waru pea.

momani Momaniri gore epe sapi. Apaaparare kata. Nipuna yore gore rigi rigi pea. Goa pua nipuri ora rede waru pia. Go sapipiri abanuna sapi. Nipuna tore gore kaane aya.

SAPINU

moma — Momare gore nipuna apaapara abu pea. Nipuna yore ogesi. Nipuna tore yaako pea pare go sapiri puri napata. Pa oma pae sapi aya.

more — Morere apaapara abu pea. Goa pua nipuri ora puri pane sapi. Nipuna yore ogesi adaape aya. Nipuna tore kadipea.

moraipa — Moraipare gore akuanuna sapi. Nipuna yore agolae madaa adaape. No rugi madaare rigi rigi pia. Go sapina apaaparare rimu pea.

morapia — Morapia moraipa padane sapi pare modare imaaniti bi teme. Go sapi nipuna apaapara kaane madaa yore rigiri pia.

maa — Sapi maare ora maa nona pua apaa page kerelotua epe ta. Go sapi maa mea pusua piribini raburi kaa waru pia. Nipuna yore adaa parepena aya. Mo sapi nipu page gore ora adaape ata. Nipuna tore amulu pu tua epeala.

opaa — Sapi opaare gore kitipi opaa padane sapi. Nipuna yore ogesi madaa napere yaakopi ata. Nipuri ora puri pane sapi.

orope ipula — Orope ipulare gore imaaniti biga medare kaapupa. Nipuna yore gore ogesi. Napere kaane aya pare nipuna apaare yola pirae ia.

oto — Otore gore nipuna yo page to page oto pea. Nipuna apaaparare yaako pea. Goa pua ne raburi rede waru pia.

petoyobe — Petoyobere nipuna yo adaape madaa kaane aya. Nipuna nape page ora kaane aya. Goa peapulu rede waru pea.

pisu — Pisuri gore ora epe sapi. Nipuna maare rimu pea. Nipuna tore gore kade pea. Nipuna apaare yaako pua pea pea lapirae ia. Goa peapulu redeme omoa luabu nema.

porenogo — Porenogore gore ora epe sapi. Nipuri ora redepone madaa waru aya. Nipuna tore papore aya. Nipuna yore ogesi awa apaaparare yaako pea.

rikili — Rikiliri gore ora epe sapi akuanuna sapi. Nipuna yore rigi rigi pea. Nipuna tore kaane aya. Nipuna apaare yola pirae sua ora rede waru pea. Nipuna apaaparare gore abu pea.

rumina — Sapi ruminare gore nipu ora epe sapi pare oma paya. Nipuna tore kaane pare nipuna yo page kaane aya. Nipuri ora menana sapi loa mena agu katema.

seka — Sekare gore epe sapi. Nipuna tore yaako pi madaa adaa adaalupe. Nipuna yore rigi rigi pua apaare yaako peapulu ora epe ta.

SAPINU

semogo

Semogore gore ora epe sapi. Ora rede page waru pea. Nipuna tore kadipi madaa mogalu aya. Nipuna apaare yaako pua peapeala pirae ia. Nipuna yore ogesi madaa kaane aya.

wake

Wakere gore ora epe sapi. Nipuna yoganere gore ora kata. Nipuna yore ogesi aya. Nipuna apaaparare yaako pua pea pea lapirae ia. Go sapiri ora abasana sapi.

wanega

Wanegare gore epe sapi ora abade aanuna sapi. Nipuna apaaparare kaapu taga abu pea. Nipuna yore ogesi aya.

wapu

Wapu kagore ora epe sapi. Nipu page gore ora adaa sapi. Nipuna yore abu pi aya. Gore nipuna apaapara page ora puri paloa rede waru pea. Go sapiri ora akuanuna sapi.

wiru

Wiru nipu ora epe adaa sapi yapare nipuri rede pi sapidaa dia yapulu mena agu katema. Nipuna yore abu pi madaa adaa parepena aya. Nipuna tore gore yaako pea.

wasa

Wasa ipuguri gore nipuna yo ogesi madaa arani yo nona pea. Nipuri ora epe sapi rede pi yapare apaapara busu pea.

yaai

Yaairi gore ora adaa sapiga pugu waru pua ota. Nipuri ora epe sapi adaape madaaga pugu peadaa gimeme. Nipuna yore rudusi madaa adaa parepena aya.

yakora

Yakorare gore ora epe sapi adaapu aya. Nipuna re padane madaare gore sapi nape ora adaapupe (gupa 10-15) aya. Pare nipuna yore abu pea. Napere yaako pi aya. Nipuri puri napataga menanu katema.

yalipu

Yalipuri gore ora epe puri pane sapi. Nipuri gore rede page waru pea. Nipuna yo ora ogesi. Nipuna napere pena raburi yaako pea pare napea yoare gore oto pea.

yola

Yolare yo adaape madaa nipuna napere oto pi aya. Nipuri abasana aanuna sapi. Nipuna apaaparare iruta.

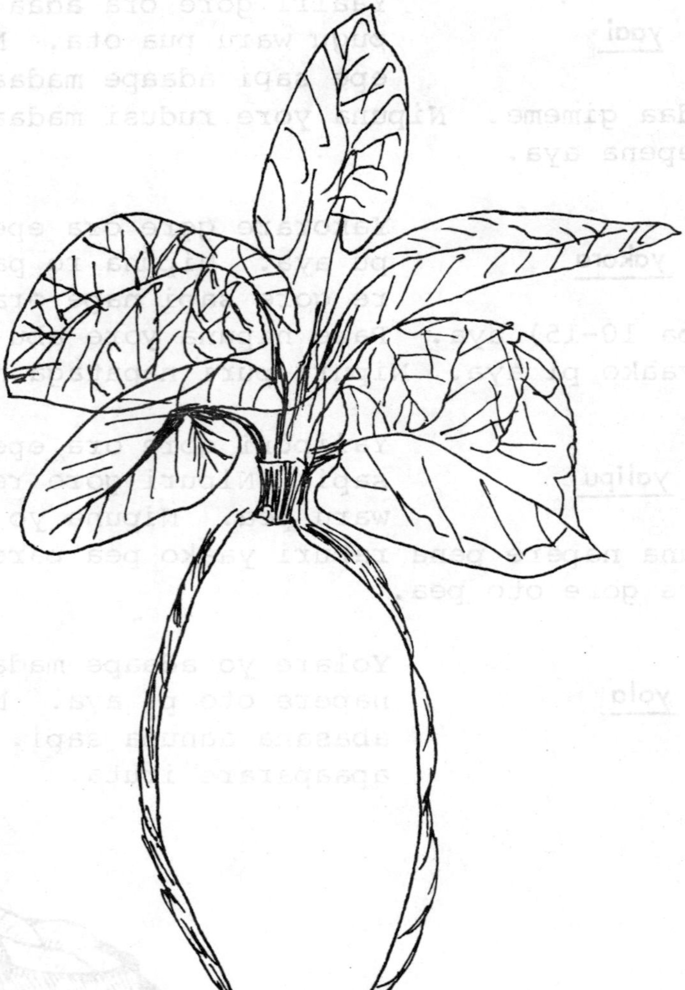

maa mugu

Maanu

ake

Akere gore maaga nipuna tore ake peaga niaame ake maa tema. Nipuna yore abarara nona pianega puri napata. Napere ora rede waru peaga nema.

kiwage

Maa kiwagere nipuna yore pakene madaa ora epe maa. Nipuna apaapara page ora yaako pua epeala pare go maare aa adaapumidaa napoaema. Aa padane padane laatapumi poaeme.

maata

Maatare gore nipuna yopara to lapo rata abu pea. Pare nipuna apaapara ora abu pu rubea. Onaa luabumiri go maana apaapara abu peapulu raaname omeme.

mugu

Muguri gore ora epe rede pi maa. Nipuna to page nape page gore abu pea. Nipu ora rede waru peadaa raana omo nema.

muni

Muniri gore ora epe maa. Nipuna yopara toparare pakea kaane aya. Go maare ora epe ta. Nipuna apaaparare yaako pea.

muru

Mururi gore nipuna tore kobere aya pare go madaa nipuna apaaparare yaako pea. Go maare to page paaketa.

naga

Nagare gore kobere madaa ora epe maa. Apaaparare yaako pea. Nipuri ora puri waru pane maa.

MAANU

<u>pinia</u>

Piniare gore ora adaa maaga nipuri adaape madaa epe redepone aya. Nipuna tore koboroa nipu ora adaalupe aya.

<u>remona maa</u>

Remona maare gore maarea pa menanuna apaa ainalo mena patipara so karuame madaa padanere gore saleme. Menana apaa waru ainalo gupa pimi. Pare pa remo radona upipi nalemerupare ni naade.

<u>sama</u>

Samare mo pauparanu pa awaya. Nipu ora maa nona pea pare nanema. Go nalimade raburi niaa maeyawa nalialo go maa nanema. Nipuri ora adaapupe yada puti ia.

<u>taro</u>

Taro gore epe maa. Nipu balina maa. Nipuna to page gore ora adaalupe aya. Yo page adaape madaa mago mawae adaape aya. Nipuna apaare yaako pua kerelotea. Goa pua rede waru pea.

<u>upano</u>

Upano epe maa. Nipuna yore ora adaape. Nipuna tore kabu pi madaa ora adaape aya.

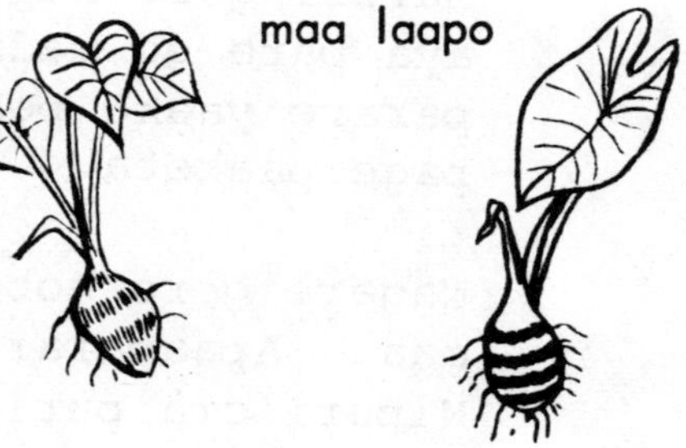

Biranu

abupi

Abupiri ora koroka birapara muta pitaapara padane pianega mo bira abupi nipuna tore kaane ogesi. Nipuna yo page gore ogesi. Nipuna apaare ora abu pea. Mo bira lapore pa yaako pea.

adaa bira

Adaa bira gore nipu ora maa nona piane. Gore bira Usapara bira yapara lapo. Bira yapara madaa-re yaako pea. Go birare lapore gore apaapara page yaako pea pare nipuna ini page etea.

ali

Aliri epe oge maa taro nona piane aya. Go birana yore ora epe kaane aya. Goa pua nipuna apaapara pea pea lapirae suare ora rede pia.

kaane

Kaane bira nipuna yo page ogesi nipuna to page ogesi aya. Pare mo bira nipuna apaapara kaa ta. Onaa luabumi go bira raaname omema.

karua

Karuare gore pa yagi putinini awayapulu nipu nanema. Pare ora adaa reae pabea raburi awoa menanu irua katema. Nipuri ora adaape adaapu awaya. Nipuna yopara nipuna toparare pepo pea. Nipuri irua adema raburi epe nape eta yapare maaku epeadaa gimema.

kenoa kilili

Kenoa kikiliri gore raapara aya. Reae adaa pabea raburi go awema. Nipuna yore ogesi madaa uniri puri pata. Pare reae pabea raburi kenoa kililipara karuapara go yaenu awoa nema.

koroka

Koroka birare gore ora adaa birape go rabu epa. Nipuna to page adaape. Nipuna nape page ora adaape aya. Go bira abiare onaa adaapumi raaname omeme.

mugi

Mugiri mo biranuna yago aya. Nipuna yore kaane madaa rigi rigi pea. Goa peaga nipuna napere ora redepona aya. Mugi yaako pi mugi kobere lapo aya.

muta pita

Muta pita birare gore ora abasana aanuna bira. Nipuna yo page to page ogesi aya. Napere pa peala pirae sua epe ta.

nabisi

Nabisi bira koroka bira padane bi. Go nabisi birare ora adaa birape aya. Nipuna yo page adaa mada to page adaa. Nape page adaa.

orena

Orenare gore maapu yagi putinini awaya. Nipuri reae adaa pabea raburi go orena awoa menanu irua kateme. Nipuna yore gore pepo pea. Gore nipu ora ope nona pea pare napere adaa sapi nona pea.

rumu

Rumuri gore nipu ora adaa bira rado aya. Nipuna yo page adaa. Nipuna iniri tamato nona piane etea. Napere apaapara irulo tua epe ta.

warena

Warenare gore raapara aya bira. Nipuri ora adaa bira epe ta pare nanema. Reaeme omema raburi awoa menanu katema.

yaaki Yaakiri so raapara aya bira. Nipuna yore kaane aya. Nipuna ini page kaane etea. Nipuri ope nona pianega aya. Bi medare yaaki wapu tema.

waimalo Bira waimalore ora bira luabuna adaa mudu bira.

Aainu

ala Aai alare gore raapara aya pare adaalupe. Nipuna to page ora adaape. Nipuna napere niaamere nanema. Yapanumi yaanumi neme. Apaapara puri pane oyaenu piruaya.

amu Amuri gore nipu ora epe aai. Nipuna nape odere ora adaape. Nipu nape ta raburi aba aipapulu bulata bebe pea. Nipuna to madaare taga pea.

banana Bananare gore balina aai. Go aairi ora epe aai. Nipuna ode page waru madita. Nipuri aba suama aipapulu etea. Nipuna pogaparare taga pea. Nipuri ora porenaloa nema. Kagaadaa nanema.

kibame Kibame gore epe adaa aai. Nipuna tore rimu pea. Nipuna odere rudupe madaa adaape etea. Go aaimiri mena sekere mone oyaedaa waru mealeme.

koa Koare odare ora epe aai. Koare odare nipu su amaa etea. Nipuna tore paapi aya. Nipuri balina aai banana pemerupa porenaloa nemere ora rede waru pua epe ta.

mata rakua

Mata rakuare gore nipu ora epe aai. Nipuna tore kaane aya. Nipuri ora adaalupe pua nape etea. Nipuna topara yopara page adaape aya.

oda

Oda gore oge aai. Medare oto pi madaa etala. Medare paapi madaa etea. Nipuri puri waru pabea. Nipuri adaa aaidaa dia. Pa oge aai etea.

palopalo

Palopalore epe aai. Etea raburi irua page yawoa page nemare gore ota. Pa porenaloa nemare ora epe ta. Nape ta raburi oto pi etea. Nipuna tore paapua epe ta.

pagipi

Pagipi palo palo padane aai. Rado rado dia.

rakua

Rakuare gore nipu ora epe aai. Nipuna yore ora taga pea. Goa pua nipu page ora adaa aai madaa nape page adaape etea. Gore nipuna yopara to lopore tagape pea.

rakua pema

Rakua pemare gore epe aai. Nipuna tore kaane aya. Go aairi pore agu nemaga ora epe ta.

ramagi

Ramagiri gore ora adaa aaipega so raapara aya. Nipuna tore ora adaape. Yo page ora adaape. Nipu etea raburi ode adaapupe madiama epea. Pare nipu nanema. Yaa mataapara oyaenumi neme. Apaapara aana nona piane yaedaa pia.

robene

Robenere gore ora epe aai aya. Nipuna odere ora adaalupe aya. Nipuna tore gore abu pi nona pea. Nipuna yo page gore ora adaalupe aya. Nipuri ora puri pane aai. Nipu ora mena sekere mone memega epe aai kone ima.

rulu

Ruluri ora epe aai. Nipuna to page nape page yo page ora adaalupe aya. Nipuna napere ora puri waru pata. Nipuna to yo luaburi gore tagape pea. Go aaimiri mena sekere mone oyaeyae memepulu nipu ora mudu aai.

taga

Tagare gore epe aai. Nipuna to page yo page gore taga pi aya. Nipuna napere gore rudusi madaa epe aai. Mo napere rudu madaa adaape.

usade

Usadere gore epe aai. Nipuna to page oto pea. Nipuna napere adaalupega rede waru pea. Nipuna yore gore ora adaalu madaa ora epe yae aya.

ugi

Ugiri gore nipuna tore pa taga pi madaa nipu ora rudusi madaa adaa epe aai etea. Nipuri ora epe ta pare ode padanere rudusi aya.

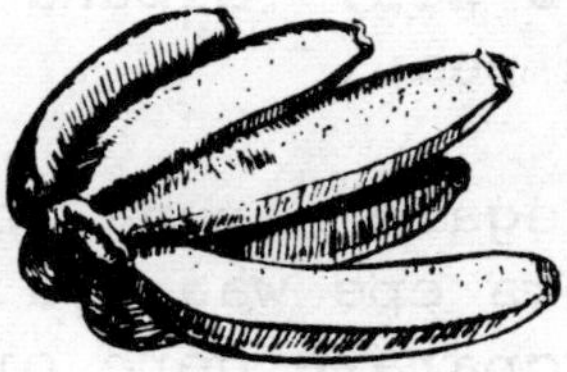

aai

Waanu

alaina Alaina gore waa medana bi yapare nipuri ogesi. Nipuna yoganere puri pata. Apaare kuma pea.

awaa Awaare ora epe waa. Nipu ora mudu. Go waa awaamere mena sekere mone page mealeme. Nipuna yore adaalupe. Nipuna tore abu pea. Nipu ipa page rede waru pua ipa adaapu pia.

eba Ebare gore ora epe waa. Nipuna to page kaane aya. Waa ebare lapo aya. Medare madaa pi aya. Nipuna ipare rede waru pua ipa adaapu pia. Medare kaane aya.

ewa eba Ewa ebare gore to page adaape madaa ipa waru adaapu piaga raaname omoa nema.

kabo Kabore oge waa medana bi. Go waa nipuna tore kaane aya. Goa peaga nipu rede waru pea. Aako kabo page gore aanumi sibia aako yamema.

kayabo Kayabo gore adaa bi gupa waanu temarupa. Pare meda kayabo adapara pirua onaa neare ora ota. Gore nipuri pugu waru pea. Nipuna tore parati madaa nipu pugu waru pea.

kega Kegare nipuna to ora kadipiga ora epe waa aya. Nipuna abupara yoparare gore ora roke ta.

lobaina

Waa lobaina gore epe waaga nipu ora puri waru pata. Nipuna tore kati pea. Nipuri ora epe waa yapare gore nipuna abu padanere puri pata.

maakipa

Maakipare kaane to aya. Nipuna yo page kata. Go waa ora onaame raaname omemapulu waru nema. Waanaabieradore kegerema teme.

pailobaina

Pailobainare gore epe waa. Nipuna to page yo page adaape aya. Nipuri ora adaa repaape aya.

para

Waa para gore waa adaape madaa nipuna yo page adaalupe aya. Nipuri ora rede waru pea. Abu page roke waru ta.

pinia

Pinia gore waa luabuna mudu nipu ora adaa waa. Nipuna tore abu pea. Nipu madaare ipa ora waru adaapu pia. Nipuna yo page adaa parepena aya. Go waamere mone mena sekere page meme. Nipuna bi meda awaa tema.

pina epera

Pina eperare gore maa meda. Go maare ora pakene madaa aba ripiare padane poaeme. Go opoare ora adaape awasi waru madua epera epera yada adaapu aya. Gore apaaparare yaako pea. Nipuna bi lapo meda pina go page epera teme.

WAANU

porawi Porawiri gore ora epe waa madaa rede page waru pea. Nipuna tore adaape madaa poborea. Nipuna yo page adaape aya. Nipuna ipare ora adaapupe waru pia.

puripata Puripatare gore oge waasi madaa gupa pole yapale nona pea. Goa peapulu aga wae aanumiri naneme.

ruki Rukiri gore waa meda. Nipuna yo page gore puri pata. Nipuna to page puri pata. Nipuna tore paketa. Gore meda nipuna tore maakipa nona pea pare nipu ora waa rado.

serali Seraliri gore ora adaa waape. Nipu ora puri ogesidaa pata. Nipuna tore kaane aya. Nipuna yore ora adaape madaa ipare ogepusi pia. Pare mo waa nipuri repena nona peapulu raimi rage pua nalema.

waape Waapere ora epe waa. Ipa page adaapu pia. Nipuna to page adaape madaa nipuna tore abu pea. Nipuna yore gore adaa adaalu pape aya.

yada Yadare gore kobere waa aya. Nipuri oma pawa ora ipa adaapu pia. Nipuna yo page gore adaa parepena aya.

yapo

Yapore gore ora adaa waa meda. Go waa nipuna tore ora taga pua pepope pea. Nipuna yo page adaape aya pare nipuna ipare adaapu pia.

yo lobaina

Yo lobainare gore nipu ora puri pane adaa waa. Nipuna tore abu pea. Nipuna yo page ora adaape aya. Goa pua nipuna tore puri pata pare ipaare rede waru pea.

Kawi

kawi

Kawiri gore nipu ogesi opea raburi aanumi surubema. Goa pua ora adaalupe aya. Gore rumaalema raburi pepeso waru ta. Nipuna iniri eta-mama puare ora adaapu etala. Poroa su amaa lopala raburi mua padi raapu nalema. Nipuna pogaa muare aai abutama.

kasu

Kasuri go epe padidaa dia pare nipu ora adaalu padi patea. Nipuna apaa page waru pia. Go padi kawasuna biri medare kawi tama.

yala

Yala gore nipuna yore ora kawi yo nona pianega nipu adaalu napopea pa supara aya. Nipuna ini page supara agu etala. Pare nipuna yore puri waru pata.

waa

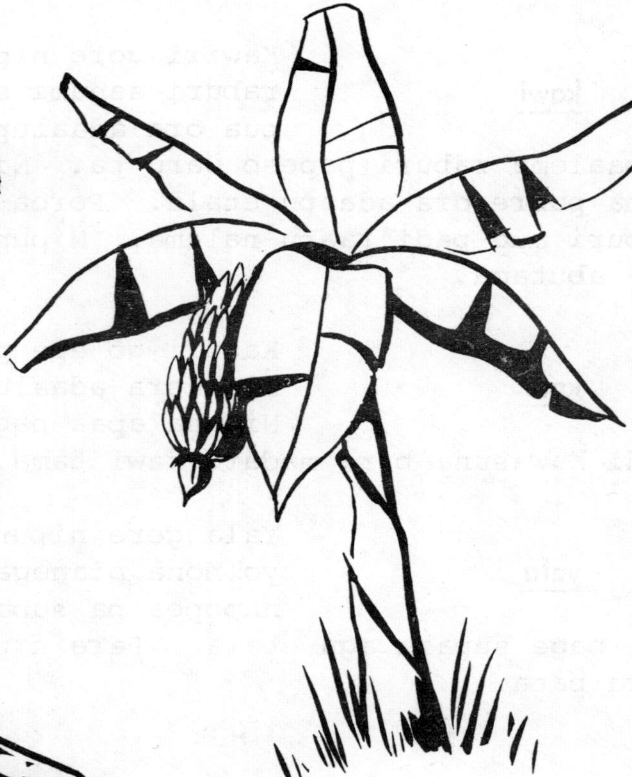

aainu

Yasanu

adasa

Adasa gore kibakaba nipuna ame. Gore ora adaa yasape madaa ora raapara etala. Nipuna abua dipapi madaa ini madaa pa pia. Nipuna bi medare ibi teme. Gore onaana eno apaame adea. Goa peapulu onaame naakinu nanalepa loa niti paeme. Gore mo yasa adasa nipuna pearupa nimina eno apaa mea palia loa niti paeme.

adu ipaa

Adu ipaa gore abu pi etea. Gore medare ora adaape etea. Medare ogesi madaa paapi etea. Gore medaloma kagaa nema. Medaloma irua nema. Adu ipaa adu page page tema.

agimu

Agimu gore ora epe yasa. Nipuna abuare pa pua melepa kapea nona pea. Pare nipu oge page adaa page lapo etea. Nipuri irua nalema. Nipuna rokananere gore yaako pea.

aipurikili

Aipurikili gore oge adaa lapo etea. Medare rokanane kaane madaa abua ini page ora adaape etea. Nipuna apaapara rero piadaa ere loa mea raakepe ruboa nalema. Ogesiri gore ini page abua page oge pare nipuna ini karere ta. Nipuri rede waru napea.

alekata

Alēkata gore kaane yasa meda. Nipuri pepara paboa nema. Pare ogesidaa rero pea.

YASANU

alepole

Alepole gore su madaa etea yasa. Nipuri repo etea. Medare oto pi madaa ora adaape etea. Medare kaane madaa epe yae etea. Medare ogesi madaa ora kaalo ti etea. Gore irua page paboa page nema. Pare nipuna abua puri napane nupara maditima rabu aipapulu pola piraya.

alua

Alua gore ketaluna yago. Nipu page repena raami madaa etea. Medaloma ora yaako pea. Medaloma pa ogesi koborea. Pare nipu repena kaapu madaa etea. Nipu irua page paboa page nema. Nipuri repena yare madaa waru etala.

aria yo kama

Aria yo kama gore nipuna abuanane paapi madaa apaa ini yaako pia. Gore nipu adaa dia pare pa epesi etala. Nipuri rede waru pia.

ata

Ata go page repena oma pae yae madaa page puri pane repena diwi madaa page etea. Gore kobere ata page yaako pi page etea. Pare go ata medaloma irua page paboa page nema.

aako

Aako gore ora epe yaako puti yasa. Nipuri repena pai kati repara agu etala. Nipuri mimi naaya. Nipuna rokaa ini abu luabune yaako pea. Irua ne rabu page rede waru pea.

aane kale

Aane kale gore ora rokene go irikai aane nona pi etea. Gore pepara paboa neme. Gore repena raminu madaa etea pare nogo naaki onanumi go yasa neme.

aa uni

Aa uni gore oge yasasi meda repena palaanu kegaa kaapunu madaa etea. Nipuri kobere madaa ora oge yasa. Nipu pepara paboa neme.

balaa

Balaa gore nipu mimi naaya. Nipuri balaa repo etea. Medare ora adaa balaa kati balaa tema. Gore ora kaalo tua nipuna ini page abua page ora adaape. Nipu repena eya repara page etala. Nipuna apaananere gore yaako pea. Pare abua nanere gore ora kaalo tea. Medare ogesi madaa aboyo paporeme adea. Go page nipu oge balaa tema. Medare pa abu pi nona pi madaa mena i balaa tema. Gore abua ini page pa porea.

dumu

Dumu gore oge adaa yasa lapo etea. Meda adaare gore yasa waru naetea raburi keroa paboa neme. Meda aanipere gore naneme.

eme lalu

Eme lalu gore yasa rimu pi meda etea. Nipu irua page paboa page nema.

eya lopena

Eya lopena gore repena eya ro madaa etala. Nipu kadipi madaa adaapu etala. Pare nipu rero ogedaa pia. Pepara paboa nalema.

ipa kama

Ipa kama gore piru nona pi yapare nipuna abua madaa rimu pia. Nipu ipa waru piapulu nipu ipa kama teme.

kaidolo

Kaidolo gore oge adaa lapo etea. Medare rimu pi madaa oto waru pea. Medare paapi madaa adaalusi etala. Gore yake pua page paboa nalema. Nipuri ini adaalupi madaa abua parena etala.

kale

Kale gore yai lubu pi rabu repena naapu rudu page pe kaapu kabe kaapu repena rami rado rado luabu madaa etala. Gore abu pi nona pi madaa pa paa pea. Gore madolo waru pia. Nipuri pepara paboa nalema. Pare madolo waru peapulu pitaa waru ta.

kalukepo

Kalukepo gore onanuna adu nona pi aalu wakiri pope adaalu etea. Nipuri abu pi nona pi pare paa pea. Nipu ora adaalu madaa puti sala. Oge page adaa page etala. Pare ogedaa rero pia. Nipuri palaa kunare rero waru piadaa gimoa pena inagimalema. Biri kalu dusa page teme.

kama

Kama gore oge kama adaa kama lapo etea. Medare adaape madaa nipuna abua rimu pea. Rokaananere yaako pea. Gore ini madaanane page yaako pea. Nipuri rimu kama tema. Pare oge kamare aria yo kama tema. Nipuri dipapi madaa rokaanane yaako pea. Go yasa lapore waru nare nema raburi gore maaku waru ratema. Pare waru renaloa nema raburi rede waru pea.

kapea

Kapea gore pa su luabupara putipe sala. Medare melepa kapea teme. Gore adaape madaa nipuna abua madaa rimu pia. Medalomare oge madaa kaane yaako pi adaapu etea. Pare yo yasare pepara agu paboa nalema. Iruare nanema. Waru naare nema raburi maaku ratalema. Bi medare kubili tema. Go yasare waepenu pa etoaina epe yae yapatu madua nema.

kawi

Kawi yasa gore ora adaa rimu pi yasape meda nipuna abua madaare adaa otome adea. Nipuna ini madaare taga pea. Nipuri pename supara opo ria epea. Raapara pema rabu pugu palae adoa keretema.

ketalu

Ketalu gore potelema repaa waru pea. Nipu ipa koma repena rami madaa etea. Gore pa raapara repena ro rami ipa piri madaa etea. Repena puri pane madaare naetea. Nipuri irua page paboa page nema. Gore abana aganere gore puri pata. Pare pena kuma piri omapawa ora epe ta.

kibakaba

Kibakaba gore go piruna ame. Nipuri ora adaa yasape. Bi medare kegerema tema. Go yasa page oge adaa lapo etea. Oge kibukabare ini page oge madaa nipu dipapi etea. Adaa kibakabare gore abua rimu pi madaa poganane kaalo tea. Nipuna ini madaare oto pua koberea. Go yasa kibakaba page repena pai kati aepara etala. Go page ora yasa rana madaa etala. Go yasa kibakaba adaapu ne raburi apaapara ami waru ayapulu maaku pia. Pare padane lapo nema raburi rede waru pea. Bi medare gore depetapa tema.

kibita

Kibita gore medare ora kaalo ti madaa adaape etea. Medare abu pi madaa adaape etea. Medare kaane madaa ogesi etea. Kaane lapore gore kagaa page nema. Irua page paboa page nema. Gore paboa nemare ora rede waru pea. Kibita medalomare puri paloa otapulu gore aani loa nanema.

koyaga

Koyaga gore yasa piru kibakaba ete pare agu etala. Nipuri rimu pi nona pianega nipu rede waru napia. Paboa nalema pare ogedaa rero pia.

lege

Lege gore ipa lapo etea. Gore medare adaa pia madaa bua paa pea. Gore ora nipuna ini page mimi page adaape aya. Medare ogesi madaa dipapi etala. Gore nipuna rokaananere gore taga pia. Bi medare kolobo reke teme. Go yasa lapo ratare rede waru pia.

lobaloba

Lobaloba gore oge adaa lapo etea. Nipuri abua madaa rere piri nona pua medare paa pea. Medare kobere nona pea. Gore nipu irua nema. Rokaa-nane yaako pea.

lopena

Lopena gore ninigire madaa repena pai kaapu page su amaa i ro madaa page etala. Nipuri pugu waru piapulu nogo naaki niti pawa onaa adaanumi naleme. Gore nimina agaa pugu palia nanape teme. Gore ora waru adaapu etala.

madaa

Madaa gore yasa ora epe meda su ruginini etea. Nipuri menalo kaarame adea. Nipuri yaako pi page abua madaa kobere page etea. Irua page kagaa page paboa page nema.

mawape

Mawape gore ini page adaalu madaa nipuna abua madaare onanuna adu nona pi yae wakiri ipuladaa mea rugulu rubalema. Nipuna abuare medalomana kaane aya. Medalomana abu pi aya. Pare nipu ora rede pea. Nipuri su madaa naetea. Repena rudupara repena pitaanini etala. Wapi kabereparanu etala.

menaiti

Menaiti gore oge adaa lapo etea. Medare to madaa koborala. Gore adaape etea. Pare medare paa pia. Go yasa lapo ratare gore rede waru napea.

mena keyasa

Mena keyasa gore repena rami madaa adaa yasa parepena etea. Nipu ora adaape madaa parepena etea. Niaame keroare pe madaa paboa nema.

mena pea

Mena pea gore kobere madaa nipuna ini to luabu koborala. Gore nipu irua nalema pare kutu loa rede pea. Mena kadu page teme. Pare nipu oge page adaa page lapo etea. Adaare rimu pea. Pare ogesiri porea.

momani

Momaniri go yabalaga nipu ora kaalo mamaya raburi momani teme.

kama

piru

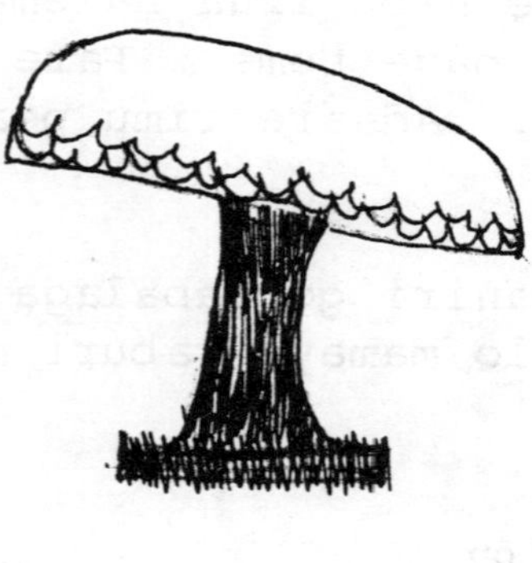

lege

momogo

Momogo gore kalena yagoga nipu momogo pua eteapulu bi momogo tema. Gore nipu paboa nema pare rede waru pea. Nipuri repena ro rami madaa etea.

mugili

Mugili gore repo etea. Medare mena aalu mugili etea. Gore kobere madaa adaape etea. Gore paboa nema. Medare ara mugili teme. Gore nipu abu nona pi madaa gore madolo waru pea. Nipu irua page paboa page nema.

mugurudu

Mugurudu yasa gore oto pi oge yasa medaga niaame pa irua nema. Gore nipu ogedaa rero waru pea pare pa nema.

naaki irali

Naaki irali go page oge yasa abu pi meda. Nipuri nogo naaki-nuna i rara nona pea. Nipuna yogane pono ruboa apaa nema.

naapu rikili

Naapu rikili gore yasa meda repena naapu pitaa madaa kaane etea. Gore nipu naapu rikili tema. Nipu paboa nema.

paimaloke

Paimaloke gore madapi madaa repena pai palaa madaa etea. Gore ora adaa page oge page etea. Raloa irua neme. Pare aani medare yaako pi eteare aanumi keroa aalu madaa ibiri pia pepena peme. Gore aani yapulu naneme.

paiyabala

Paiyabala gore yaako pi madaa repena pai kaapu kagaa madaa page etea. Gore momani pea-rupa kaa natapulu nipu paiyabala teme.

piru

Piru go yasare nipu ora yasa luabuna mudu. Nipuna abua taga pi madaa ini rokaananere gore abu pea. Medare watadekali piru tema. Go watade-kali piru nipuna tore ora adaa piru raapu padenea pea. Pare watadekali piru nipuna ini ogesi madaa abua page oge. Pare nipuna abua to page porea. Ora adaa piru nipuna taga pea. Go yasa piru lapore rede ora waru pea. Nipuri repena pai aepare page repena kati aepare agu etala. Pa repenanu aepare naetala. Go page pa su luabune naetea. Nipu ora yasa raana etala.

piru aani

Piru aani gore yasa piru nona pi yasa meda etea pare go yasa nipu pepara raani raapu kero paboa nema.

porai

Porai gore maapunini yagi repenamere pare oto pi yae adaapu etala. Rokaanane abu pia. Gore raloa paboa nalema. Go yasare raapara naetea nipu maapu yagi poranini etea.

puroke

Puroke gore adaa yasa abu pi repena pai madaa etea. Nipuri ora rokeyo ti adaape etea. Nipuri naaki nogonumi naneme. Onaa adaanumi neme.

puti Puti gore yaako pi meda etea. Medare kaane etea. Gore repena wakia repena roba olo rigane maluaemalue repena oma pae yae luabu kaapu madaa etea. Gore ora epe rede pi yasa etea. Pepara paboa nema. Kaane putiri gore eke yasa tema. Yaako pi putiri gore ora puti tema.

ragopetame Ragopetame gore yasa piru kibakaba raapu etala. Nipuri pepara waru paboa nalema. Waru narenaloa ne raburi maaku waru rataleme. Nipuri abua madaa oto pua rokaanane abu pea.

raketa Raketa gore ora oge yasa kaalo mamae etea. Nipuri adaa page oge page etea. Nipuri alepole raapu ora padanea pea. Medalomare nanema. Pare medaloma nema.

re kibita Re kibita gore bi medare atana wayalo tema. Gore ora adaape madaa kaalo ti. Gore ora rede waru peapulu pepara paboa nema. Medare ora adaape madaa puri pane madaa tagape peare aanipe loa nanema.

yasanu

YASANU

rimu kama

Rimu kama gore ora adaa yasa. Nipuna abua rimu pi madaa rokaanane yaako pea. Nipuna mimi waru aya pare kagaa ne rabu maaku ipula. Pare waru renaloa ne raburi rede pea. Nipuna abua madaa rimu pu teadaa nipu rimu kama teme.

robaa

Robaa gore ora epe yasa. Nipu su runane raapadapara etala. Nipuna inipara asawaku karerene sala. Nipuri paboa page yawoa page nalema rabu kutu waru ta. Gore go robaa page medare ora adaape medare pa ogesi. Gore nipuna aaniri ora adaape madaa ipaa waru piri etea pare nane gimema. Pare ora robaa nipuri yaako pi madaa ini page rudusi aya.

upa

Upa yasa gore repena pai kaapu kagaa madaa page etala. Gore ora adaapu karakara pua etala. Medare adaape etala. Medare ogesi etala. Adaa pena yore gore parepena madaa ora adaape etea. Medare yo ogesi madaa pa ogedaa adaa etea. Gore irua page yawoa page nema.

watadekali

Watadekali gore abu pi piru nona pea pare nipu oge yasa madaa rede waru napea pare nipu pa irua nema. Waenuri pa etena gimoa epe adoa keroa nema.

yabala Yabala gore repena eyapara paipara mugupara go repenanu madaa etala. Nipuri ora kaalo ti medare momani tema. Yaako pi medare gore ora yabala tema. Meda abu piri gore mugu yabala tema. Gore repena kagaa page kaapu madaa page etala. Gore nipu ora karakara adaapu etala. Gore yawoa page paboa ora nalema. Iruare nanema. Waru narenaloa nema raburi gore maaku waru ratua yaina omema.

yaginogo Yaginogo gore to madaa abu pi madaa piru kibakaba etepara agu etala. Nipuri yagi yasa page tema. Yaginogo page tema. Gore nipu ora epe yasa. Nipu irua page paboa page nema. Abua madaare abu pua nipuna ini abu page gore ora oge yasasi nipu rede waru pea.

yakipu Yakipu yasa gore ora rimu pu ti yasa. Gore adaa oge laapo laapo etea. Pare nipu ora rimu pu tua paeyae nona pea. Pare nipu momogope medaloma etala. Pare go momogore nanema. Adaapere gore ora rimu pu mamawa ini abua page adaape aya. Ogere rimu pa ogepu pua nipuna ini abua page oge aya. Go yasa lapo rata nare neme raburi maaku ratua yaina omeme.

yamada Yamada pepope. Gore kale yasana yagoga gore nipu ora epe yasa. Nipu abu pi madaa pepo waru pea. Nipuri madolo napea. Paboa nema raburi rede waru pea.

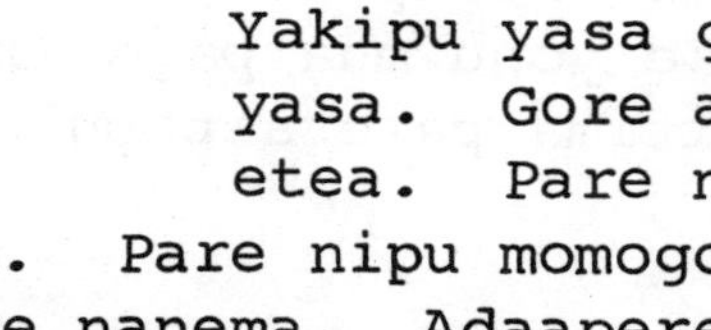

YASANU

yanamaku

Yanamaku gore karerene madaa oge page adaa page etea. Pare onaame pepara paboa neme. Yasa waru adaapu etea raburi gore nimumi etoaina gimeme. Pare umunane yaako pea.

yaa kidipaa

Yaa kidipaa gore oge yasa kapea nona pi madaaga nipu paapi pename etea rabu adoa nipu irua nema.

pipitu

Pipitu yasa gore raapara etea. Nipuri ora koboro mamae etea. Gore raapara puare repena yagoa gopara mea kero iritima. Nipu ora rede waru pi yasa Nipuri aipa nona peadaa aipa yasa tema. Gore nipuna umunane yaako pi madaa abuanane rimu pea. Nipu keretema raburi aipapulu pola piraya. Goa peadaa aga yo raake yonu mua page iritima. Nipu pa eperupa waru nairitima pare aipapulu aba reapulu niaame nema.

poraro

Poraro yasa gore oge yasa meda repena poraro madaa page aga kaapu madaa etea. Go yasare ogesi madaa kaane page yaako pi page etea. Gore niaame keroa kagaa nema. Gore raapara pua reae waru pea raburi niaame keroa kagaa nema.

aipa

Aipa yasa gore ora koboro mamae yasa meda repena pai pitaa madaa etea. Gore onanumi keroa pepara paboa neme. Gore ora rede waru pea. Nipuna abua rigi rigi pua ini page ora luabu koboro ruboa gore nipu ora aipa nona pi yasa eteapulu aipa yasa teme.

Aalamunu

ipayapa

Ipayapa gore ora epe aalamu. Nipuna tore kobere madaa nipuna to page adaalu. Nipuna naape pia raburi gore ora adaape pia. Nipuri ora rede waru pea. Nolalore gore perepara kusua nema. Nipuna apaa page yola pirae nai pa irune pia. Go ipayapa medare ora adaape. Medare to page ogesi madaa nape pa epe oge nona pi pia. Go aalamu ipayapa nipuna bi medare akena teme. Onaa luabumi go aalamu akena madaa raaname omoa neme.

palali

Palali gore kabe mayapame adea. Nipuri nape pia raburi rudusi madaa ipayapa nona pua puri waru pata. Gore nipu kabe mayapa nona pua adaalu pupu awa orope pia. Go aalamu repore gore ora epe rede pi yae nema.

paaka

Paaka gore mo aalamu akename auloa pia. Nipu ora midi putua rede waru pea. Go aalamu paakare gore akename auta. Nipu kabe mayapana ini nona pea. Nipuna apaare yaako pea.

pepo

Pepo gore nipuna to page katipi madaa pepo waru peapulu aalamu pepo teme Gore kagaa raburi nipuna apaa page peala pirae ia. Pare irua page yawema raburi nipuna apaa puri paloa epe ta. Go aalamu pepo nipu napeta raburi nipuna to madaa kaa ta.

Raaninu

raani

Raaniri gore adaa bi raani tema. Imaa niti bi radore gepa tema. Ora abasana akuanuna raaniri aluada raani teme. Gore yo page parepena madaa waru repaa pua patea. Onaa luabumi go raani madaa raaname omeme. Raani medare yo abu pua paaketa. Go raani puri ogedaa pata. Ora raani medare yo pa epe oge madaa go page waru repaa pua patea. Go raani page onaa luabu raaname omeme.

pema

Pema raani gore pepo pi madaa to madaa page pepo pea. Go raaniri pema raani teme.

raarakera

Raarakera raani gore pa raapara parata raani meda. Go raani page epapara parata rabu niaame warea nema. Go raani rado rado adaapu poaeme pare bi nateme. Nipuna bi pa raani luabu teme.

remona raani

Remona raani gore yo ora rigi rigi ogesi madaa raapara opea. Gore nogo naakinumi reaeme omoa go raani warea neme. Gore raaniri ora epe yae teme. Padiri kolawi piaga ogepu nape teme. Akuanumi raani rakiamere onaa to page raba mea simi.

Rakianu

rakia

Ora rakiare gore yo abu pea. Go rakia onaame maapupara wai poaeme. Medare mena aalu rakia teme. Go rakia nipuna to yo page luabu koberea.

ipamu

Ipamu rakia gore raapara page ipa ipudu page pa parata. Gore mena tu yawolalo page apera raapu yawolalo nipu waretema pama yawoa nolalo page waretema. Nipuri karerene madaa go raapara patuaya.

mena aalu

Mena aalu rakia gore nipuna to page yo page luabu koberea. Go rakia lapore mena tulalo page pama page warea neme.

Niaana Eta Medaloma

kibita

Kibita gore ora abasana akuanuna eta. Nipuri abu pi madaa raapara e poa rada teme. Gore medare ora adaa kibita. Medare oge kibita. Adaa kibitare gore kibita aake teme. Oge kibitare ora kibita. Gore nimumi waru adaapu radaloa parata raburi rasua page warea page yaweme. Gore rede waru peadaa nema. Kibita ake nipuna yore ogedaa karere ta. Pare mo oge kibita nipuna yore ora abu pea.

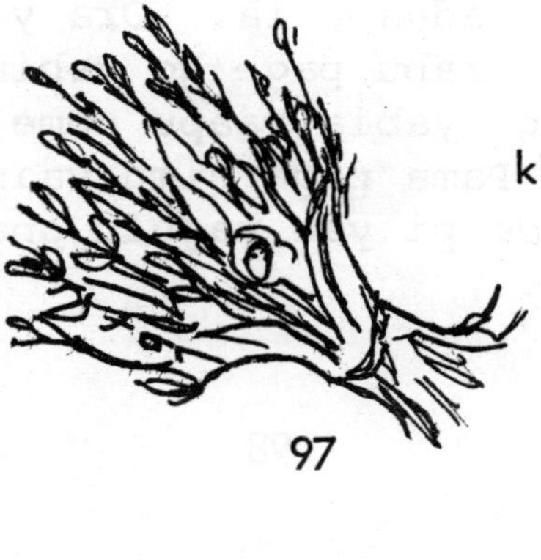

kibita

koba

Koba nipu repo poaeme. Medare ora adaa koba. Medare oge koba. Medare yo kaane koba. Medare yo paakene koba. Go koba luaburi onaame raaname ora waru omoa neme. Go koba luaburi raapara e poa page ada gaane page poaeme. Gore yawoa page pepara paboa page nema.

peago

Peago gore pa raapara ope yae meda raanirupa nema. Gore arokapara e poaeme rabu page nipu pa opea. Gore nipuri meda abu pea. Medare karere ta. Gore rakia raapu yawoa nema.

pedopedo

Pedopedo gore koba nona pi oge yae meda. Gore abu pi page karerene page lapo patea. Gore koba nona pianega nipu ora epe ta. Nipuri pepara paboa nema.

raarua

Raarua gore go page peago raarua lapo rata no arokapara patea. Gore raarua nipu karerene madaa go peago rakianu raapu yawoa nema. Pare go raarua nipu ogedaa rero pea.

Yabia

Yabia go ora nipuna konere ora adaapu ia. Ora yaina omema rabu page go yabia nema. Neabu yaina madaa page go yabia raapu neme. Romo yaina madaa page neme. Pama page nimu yaina omape yada go yabiare epe rede pi yae yapulu onaa luabumi raaname omoa neme.

Kadipina Etanu

aniaani

Aniaani gore ipa maala aya. Medare nipuna yo adaalu madaa parepena aya. Medare yo ora rigi rigi pea. Gore ora oge aniaani. Medare nipuna yo adaape madaa apaara agalakua ia. Medare aniaani nipuna naape su runane asa posome ade aya. Gore mo aniaani yo adaalupe madaa parepena ayare gore nipu yo madaa karere ta. Goa pua nipuna poga page popape pirae ia. Meda oge aniaani gore nipuna ini madua nipuna yo ora oge adaalu adaalusi aya. Nipuri taga pea. Go adaa aniaani medare adaape madaa nipuna yona apaapara agalakua ia. Nipuna ini page madita. Medare no su runane asa posome ade nape ayare gore yo page adaalupe madaa nipuna yo napere rede napea. Pare nipuna pitaa nape su runane ayare rede waru pea. Go aniaani luaburi redeme waru omoa neme. Gore nipu kepe teme raburi inipara ipaa odabawa rero waru pea. Gore onaa luabu go aniaani raaname omoa sapi raapu paboa noaeme.

besaa

Besaa gore abade akuanumi besaa nekea ini sa asimiya. Go nekea iniri gore ora ogesi madaa kobere. Gore nekea ini teme bina re gupa: Nipu ora koboro mamawa repena nekea inimi adeapulu gore nekea ini simi. Nipuna apaa nape page ora ogesi madaa uni page ogesi. Napere ora adaapupe etea.

besaa

Besaa agaa madare maape ti besaa. Gore nipu yaako pi madaa ora adaa besaa. Go besaana biri agaa mada simi. Gore nipuna biri gupa onaana agaa mada pearupa gupa mada pisadaa agaa mada simi. Abadere go besaa ipa maala ora sua asimiya. Pare abia balinu ipisimide raburi supara ete page maape tua ete page ora besaa rado rado adaapu poaeme. Pare go besaa luabuna biri nateme. Pare adaa bi besaa teme.

kaliapo

Kaliapo gore ipa lapo poaeme. Medana biri re mada ae kaliapo teme. Medare paala madaa ae kaliapo teme. Gore re madaa ae kaliapo ora abu roko natapulu onaame go raaname omeme. Go page nape waru adaapu aya. Meda gore paala madaa ae kaliapo teme. Go kaliapo nipuna ode ora adaape aya pare nipu adaapu aya. Gore go kaliapo nipuna bi medaloma gupa teme: pinata, katopa, kaliapo gupa bi repo teme.

karote

Go karotere gore oname wai poaware mone meme. Pare onaa adaapumi raaname naomeme. Pare onaa medalomame poawa kagaa neme. Bali onaame ora raaname omoa neme.

kawasa

Kawasare gore niaame page raaname omema. Nipuna yore ora adaape madaa niaame ora raaname omema. Nipuna yore taga pea. Pare momogo pea raburi taga pea kunala pua wala dipa pea. Niaame pena patala aina page aba momogo aunaloa page nema.

konaape

Konaapere gore oge adaa lapo. Gore konaape adaare moma teme. Oge konaapere gore ora konaape teme. Gore konaape medare kaane etea. Medare abu pi etea. Medare yaako pi etea. Medare konaape buka teme. Go konaapere gore abu mada page nape page gore koboroa besaa pabeme adea. Konaape nipuna to page koberea. Go konaape luabuna yore karere yoa pepo page pea. Niaamere konaape puri pane raaname omema. Balinumiri konaape pena raaname omeme. Konaape nipuna ini page madita pare aipapulu aba pulu rubea. Gore onaa luabumi konaape madaa raaname omoa noaeme.

muli

Muli gore ora adaapu rado rado aya. Nipuna napere medaloma porenaloa kagaa neme. Medaloma ipaa igipia neme. Gore mo muli ora adaalu rudu rado rado ora adaapu bi teme. Pare niaame adaa bi pa muli tema. Gore go muli nipuri rede pi muli ipaane muli bi rado rado pisini Igilisi agaa mada teme pare niaana adaa agaame pa muli tema.

otaaku

Otaaku gore ora abana akuanuna otaaku lapo sasimiya. Medare ora rudu madaa oge adaa page etala. Gore nipuna yo madaa page maapara page pepo pua kererene aya. Mo otaaku nipu opoa etalalore abu pi ini gore akero tea tema. Gore akero tuare nape etea raburi etolo etolo awa adaalu epa etea. Gore napeta raburi porea. Pena raburi karerene ta. Gore onaame page nogo naakimi page raaname omoa nema.

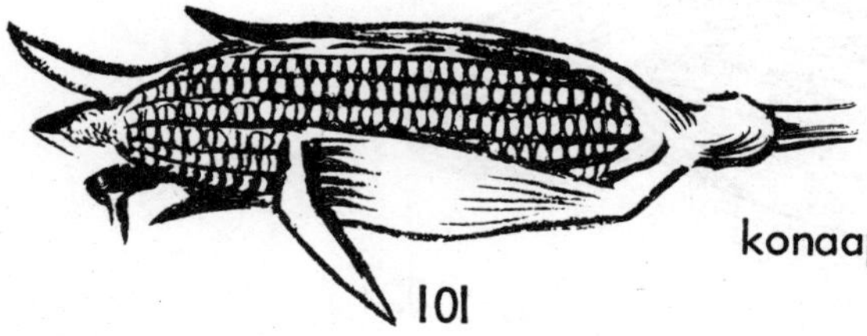

konaape

painapolo

pamakini

tamato

salesale

aniaani

otaaku

pamakini

Pamakini gore kadipinumi adaalu page rudu page rado rado adaapu mea epeme. Gore pamakini nipu onaame raaname waru omoa neme. Nipuna yo page adaa. Medalomana yo oge. Goa pea pare ini abu pi madita. Medalomare ora adaape aipa ritimi adea. Medalomare gore ora adaalupe wabala naapu peme adea. Medalomare pepena pi epe etea. Gore go pamakini rado rado poa neme pare bi rado rado nateme. Nipu pamakini padane teme. Penaare nanema. Pare nape yoa tagaa peare keroa nema. Penaa pamakiniri gore pa dipapi etea.

painapolo

Painapolo gore balina aga teme. Gore onaa luabumi raana omoa neme. Pare go painapolo page lapo. Medare yo madaa etolo etolo waru aya. Pena etea raburi kaane etea. Nipuna ini page adaalu aya. Medare yo madaa etolo naaya. Nipu etea raburi gore mada pea. Nipuna ini page paratea. Nipu lapo rata napeta raburi gore poro mamaya. Nipuna apaapara ipa waru pirua rede peapulu onaame raaname omoa neme.

salesale

Salesale gore nipu kapasana yagoga nipuna yo page ora adaalu mada yo taga pua ini koberea. Nipuna yore kogapu pua sugilima ta pare pa nema. Nipuri kapasa pearupa momogo napi ini madita. Ini adaalusi madaa oge madita. Salesale medare pore madaa raanimi adea. Nipu puri napata. Nipu pepara paboa page yawoa page nema. Salesalepe medare gore etolo etolo waru awa raara yome adea. Gore niaame pa nema. Pare onaa adaapumi go madaa raaname naomeme.

KADIPINA ETANU

tamato

Tamato gore onaa luabumi raaname omoa kosaa pua neme. Onaa medalomame maakumi omeme. Tamato medare gore ora adaape. Medare ogesi. Gore onaa luabu redeme omoa raaname omeme.

repena aga laapo

Aganu

aita

Aita gore ora epe aga. Abu page puri napata. Yore kati pea. Ini kemaa page kati pea. Nipuna tore adaape aya. Goa pua nipu ora adaalu aya. Onaame go aga ora raaname omeme. Nipuna aapapara abu pea.

aita papora

Aita papora go agare ora abu naayapulu kimi page pa raakepea nema. Yore ora abu pi madaa to page ogedaa adaa madaa etolo waru naaya.

aane

Aanere gore nipu oge aga. Kagaa nanema pare nipu pusua agu nema. Nipuri su amaa etala. Adaalu napea. Iniri abu pea pare abu puri waru pata.

apano

Apano gore ora epe aga. Nipuna yo page to page ora adaa madaa adaalu. Iniri karere ta. Nipuri abu roke nata. Kagaa page kusua page nema.

duni

Duni gore ora epe aga. Ini karerene madaa to page ogesi. Abu roke natapulu kagaa nema. Yo page epe oge rudu aya. Etolo page waru naaya.

eroga

Eroga gore to page adaa madaa etolo etolo waru aya. Go page nipuna ini parati madaa karere ta. Nipuri ora epe kagaa nape aga.

ipirame

Ipirame gore yo rudu madaa to ora adaalupe. Etolo page waru aya. Nipuna ini karere ta. Napere abu roke waru tapulu irua nema. Nipuna maa page puri waru pata.

kawabu

Kawabu gore inipara karere yoa nipu ora epe aga. Nipuna to page adaa. Yore parepena aya. Etolo page waru aya.

keala

Keala gore yo page pepo pua ini abu pea. Nipuri to page adaape madaa yo page parepena aya. Pare napere puri waru pata. Maaloa page abu pea. To madaa etolo etolo waru aya.

koma naaki

Koma naaki go agare to page yo page ora adaape madaa etolo waru awa taga pea. Nipuri adaalupe etea. Goa pua nape ora pusua page kagaa page nema. Ini page taga pua madaa pea.

koma ramina

Koma ramina go agare to page yo page adaape madaa etolo waru aya. Keala koma ramina lapo bi padane.

komea

Komea go agare gore to page oge madaa ini karere ta. Yo page rudu madaa abu puri napata. Nipuri si page arita.

parepa

Parepa gore ora adaa aga madaa yo page ora adaa. Nipuna to page ora adaape. Nape page adaape etea pare otadaa gimema. Nipuna iniri karerene madaa adaalupe etea.

pora

Pora gore etolo page waru adaa yo page adaape. Ini abu pea. Nipuna to ora adaape aya. Nipuri pusua nema.

rakeda

Rakeda go agare ora epe aga madaa ini kaloa nipuna to yo page adaa aya. Pare etolo waru naaya. Nipuna abu roke natapulu kagaa nema.

rakia

Rakia go aga ora mudu aga nipu padane. Nipu ora magomawe madaa ini karerene etea. Nipuna yo page adaalu madaa ora epe ta. Nape page abu waru naaya. Yo to page waru neme.

ralipa

Ralipa go aga yo oge madaa to page ogesi aya. Abu waru roke natapulu kagaa nema. Etolo etolo page waru naaya.

aga

Repena agare yo page ini kemaa page gore karere ta. Nipuna tore etolo etolo waru awa nipu ora adaalu aya. Pare abu ogedaa roketa. Nipu page onaame raaname omeme.

AGANU

ripa

Ripa gore nipu ora aga dia. Raapara pa opeapulu etolo page naaya. Etea raburi ora adaalupe. Medaloma pusua nema pare medaloma gimema.

ropa

Ropa gore yo rudusi madaa su amaa aya. Pare nipuna iniri abu pea. Napere abu roke waru taga kusua nema.

rumula

Rumula gore Kiluapara aya pare yo page to page ora adaape. Napere puri patapulu aaname tua nema. Ni so Kiluapara ayarupa naade.

subita

Subitare gora mudu aga. Nipuna iniri makemake ae madaa adaalupe etala. Nipu ora adaape madaa kedaa page waru pia. Nipuna yo poga koborea yo penaame ata. Nipu yoto waru mema. To page adaa aya.

ubuma

Ubuma gore ora epe aga. Yore ogesi madaa tore etolo waru awa nipuna ni abu pea. Nape kagaa page kusua page nema.

yana

Go yana irikai agaa padane. Nipuna yo rudusi madaa ora amo pi epe aga kagaa nema. Nipuri to page medaloma adaa medaloma oge aya.

AGANU

yana aga

Yana agare to page oge madaa nipuna yo page rudusi aya. Ini kagaa karerene rita. Napere abu page ora naayapulu ora epe agaa loa onaa narumaae niaana nema.

medaloma

Medaloma agana bi adaapu teme pare ni naadega pa bi tano:

apili
emogo
kabe wape
kalari
kunini
masaa
modo sugi
nata
rateripa
rere
wapi masaa
yawarali

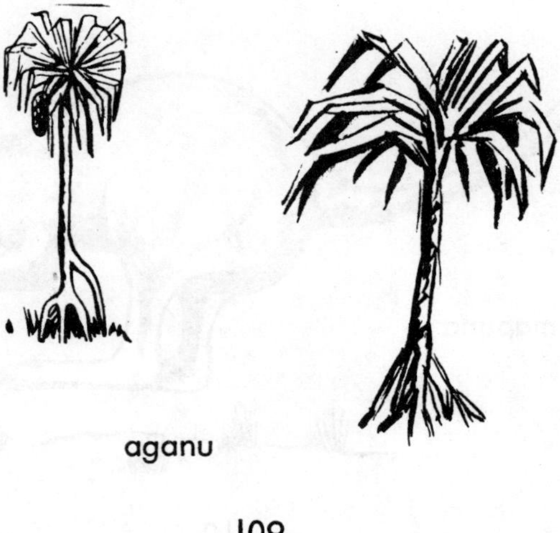

aganu

loke

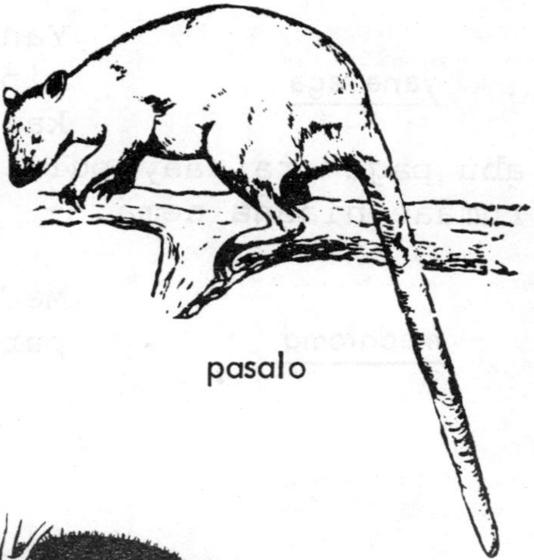

pasalo

porawe

mapuna

Yapanu

<u>agi</u>

Agi nipuri gore ipa kanapupara kega ini noa go ipa kanapu sege nepara patua pirala. Nipuna iriri gore medanare gore kabu pi ata. Medare yaako pi ata. Gore adaa yapare gore agi tema. Pare oge yapare onagae tema. Go agi adaa madaare rapula page poala. Goa puare rini pugu page waru pia. Go yapa luabuna sinuri mako adapara pirala.

<u>ane yakoa</u>

Ane yakoare nipu kabepara pia. Nipuna adare kabe reparanu pua pirala. Gore nipuna aanere poayapulu nipu ora keto paenu page napagoa pa leru leru laba pirala Gore nipuna tore pa madapi masaa-nanere nipuna umunanere gore pa kati pea.

<u>apetaki</u>

Apetaki gore nipu ipapara oyae asa pua no oro yaalo yaalo piru-aya. Gore nipuna aa rabutaga su amaa madaa pora napamualia. Nipu ipapara ia aana-para agu pia.

<u>aapu ata</u>

Aapu ata gore yapa wapaga imaa niti bi aapu ata teme. Gore nipu yapa poso nona piane pia. Nipuri ogesi madaa aapuri irikai aapu nona pea. Nipuna robaaparare gore yaako pea. Nipuri tua raake-pea pepena pulalo gore aweme.

<u>ari</u>

Ari yapare gore padane yapa pasalo nona pianega ogedaa waru naadatadaga nimumi ari yapa teme. Topara aapupara aalupara luaburi padanea pea pare medare nipuna to oge ta.

YAPANU

ekamu

Ekamuri ora adaa yapape. Nipuna iriri kati pia. Nipuna etare raaninu rakianu nala. Nipuna u patiparare yakipupara patala.

ipitu

Ipituri gore ipa inipara pia. Gore sogo kinipiki nona piane pia. Nipuri kobere pia. Nipuna yogo ogesiri apetaki tema. Go page nipu ogesi madaa ora koberega wasa nona pea.

kabita

Yapa kabita adaapemere gore mena ome page onaa ome ronu page nala. Gore nipuri gupa remo ini podo podone pirala. Gupa oge yapa poso nono piane. Pare oge adaa lapo bi padane tema. Nipuri kabere repena repara patala.

kelea oloma

Kelea olomare nipuna patearupare mo adaa yapa kelea rogema patea-rupa padane yapa yalo nipu page gupa patala. Nipuna pepenare gore nipuna robaapara ora yaako puare nipuna masaananere gore ora koberea ora rimu pi nona pia.

kelea rogema

Kelea rogemare repena suripara patea. Go page yakipu putipara patea. Medare aga maapara patea. Medare go kabe putipara pa patea. Gore nipu ribaa pora pamea rabu adea pare epe su iaparare nipu gopara pa patea. Gore nipu ora adaape yalo nipuna maapara kadisa aalu sone yaako pia no robaananere pa koboro rubala. Go nipuri ora onagae nona page pia.

kera

Kera kepa padane yapana imaa niti bi.

kepa

Kepare mo apaina to nona piane yae pare nipuna iniri ora kalo tala. Goa pua nipuri ora yapa onagae nona pia. Nipu kabe putiparanu pirala.

loke

Lokere gore kawitu. Nipuna adare rake yopara poto yopara yakipu yopara gonini pateme pare oge lokere ruaasi tema. Go oge loke ruaasimiri ora ada adaape pua patea. Pare nipuna pepenare inipara kabo mamawoa kati pi yapa pia.

madawe

Madawere pa repena kupu madaa page yakipu madaa page aga maapara page pa pamu pirala. Adaa yapa madawere gore rimu robo padane ipula. Oge madawere rimu robo lapo ipula. Iri kala rala.

maapuna palaa

Maapuna palaare adaalupe. Nipuri repena repara pa reka ata. Nipuri pobere. Nipu rakia remona kibita raaninu nala. Go maapunana biri gupa: maapuna, oyali, yareraa, kedepoala, padota. Gore imaa niti bi adaapu. Nipuna biri aba ora padane.

maya

Mayare yapa madawe nona pianega so Kiluapara aga rumula nola peme. Nipuri go yapa madawe nona piane adaape waru pirala. Pare go supara nipu napia.

niti Nitiri repena adaape madaa nipuna ada waru pua yoto po paboa ora lapo repe adaapu padanepara pirala. Pare aanuna keto pagoare aba pidi pado loa pogoloa pula. Gore medalomare nipuna ada su rugipara aana robeaepara pabo pirala. Nipuna tore kati pi pirala.

onagae Onagae medare gore walu kedepeala teme. Gore nipuna to madaa rimu robo lapo ipula. Gore nipuri ora ipa kanapunini segenepara patala. Gore nipuna adare repena yo mua pua patala.

olaria Olaria nipuna adare mo agapaenini pua pirala. Gore nipuna tore kobere to ata. Pare nipuri ora yapa adaape dia pa oge epe yapa.

oyali Oyali nipu page pa repena repara page repena rudupara page nipu gonini pa pamu patea. Nipuna tore aba rami nona pua puri waru napatea. Nipuna ini page ramua ora ota. Goa puare nipuna pora popea raburi nipumi ki lapo rapa ripina pawa ke lapome pora pamea.

pasalo Pasalo gore ora adaa yapanuna agi nipu padane. Gore go suparare napia pare so kiae yalipupara no ewadaparare pia. Gore nipuna aaluri irikai aalu nona pea. Rai gaapi muare onaa page pa mea poa etaane muare go page pa mea awala. Nipuri ora adaalupe. Goa puare nipuna puriri ora adaape.

pea yawea Pea yaweare gore pa raapara pirala. Gore nipu ora yapa kobere madaa ogesi. To madaa oraatalo pi raburi gore pepeso loa ripinape awi nasala. Gore nipuri ada pua repenare repara page wapipara page pa patala.

pita Pitare nipuna aane yakoaga ora ogesi. Nipuri wasana agi tama. Gore nipuna adare kabe repara pirala. Nipuna to madaare umunane yaako pia. Pare masaananere gore poborala. Nipuna aane repararare koborala.

punu Punu ora epe yapa. Nipuna tore ora adaalupe. Nipuna ini kaduri adaalupe. Nipuna adare poranini ada pua patala.

punu palaa Punu palaare yapa wameana yago. Pare nipuna palaa adaalu madaa nipu ora adaa yapa pia.

porawe Porawere supara pename napia pare no ewa adapara pia. Nipuna adare su runane odabawa pia. Gore nipuna aapuri naaya pare nipuna aaluri ora adaalupe aya. Nipuna iriri ora nili ogegesi nona pea. Goa peapulu aanumi nipuna to naoraaeme. Mo nili nona pi reke muare etaane waritimi.

repena ekamu Repena ekamuri nipu ora adaape madaa repenapara pirala. Nipu repena suripara ada pua pirala. Nipuna pepenare pa kati pia. Nipu repena suripara agu patua nipuna adare paruyome pua patala. Goa pua ora kekapu pipara patala.

sipili toge

Sipili toge go yapa niaana supara napia.

su ekamu

Su ekamuri gore nipu agapaepara page pa supara page ada pua nipuna kepo pu mawawa patala. Gore nipuri ora kobere madaa epe yapa adaalupe pirala. Nipuna iriri gore ora koberea. Nipuna ini pitaa iri page ora adaalupe opea.

wamea

Wamea nipuri ada waru rake repara pua patala. Goa puare nipuna ini kaduri ora adaalupega nipu pa amaanane wakiri aina ta. Go ini kadu madaare rigina epa odabata ainata. Nipuna umunane yaako pua masaanane pa madapiga pirala. Goa pua nipu ora mena e ada agu noa pirala.

wamea epota

Wamea epota nipuri ada pua patea. Gore nipuna adare repena repara page wapipara page repena ropara page gore pa ada agu pua patala. Pare nipuna aaluri pa amaanane wakiri ainaloa patala. Goa pua nipuna tore ora pakea wape robo robo epala pinaloa pua pirala.

yapa wapa

Yapa wapare gore nipu repena suripara ada pua pirala. Gore nipuna aapuri irikaina aapu nona pia. Gore nipu ribaa pamuala raburi go yaanumi pimiderupa riya pupula. Goa pua tulalo pi raburi nipu riya pua pa radopara pula.

waayapa

Waayapare gore no ewoa adapara pua pia. Go supara napia. Pare go yapare ora adaape. Onaa adoare mirunu karutamama palaina pula tame. Gore no ewa adapara pe onamere ademe. Niaa napemare naadema.

Wasanu

ada poka

Ada poka wasare padane pare nipuna to madaa taga pu mamawa ada runane pukapara pirala. Nipumi sapi mena sae nu oyae pake waru neaga nipu ora ota. Nipuna aapuri adeade pia.

kabe

Kabe wasa ora adaa yapapega suparare napia. Nogo parumananere pia pare ora adaape pia. Nipuna iriri waru napatea. Nipuna aapu page waru naaya. Medare ogesi mo kinipiki nona piane pia. Nipuri maapu yaginini pirala.

wasa

Wasare pa go maapunini pirua mo maapunini paake nolalo pirala. Nipuna tore rupa pia. Taga puare aapu rudusi ata.

Onasanu

adapuna Adapunare supara paboa ora adaapu pirala. Nipuna aapuri adaalupe. Nipuna tore umunane yaako pua masaanane madaa pea. Gore padanepara ora adaapu patea.

arepe Arepe nipu wapipara pirala. Aga kaapupara page pirala. Supara page paboa pirala. Gore nipuna aapuri adaalu. Aaluri rudusi pirala. Gore nipuri ogesidaa adaape pia.

arepe onagae Arepe onagaere ora adaa onasa madaa umupara yaako pea. Goa puare nipuri wapi madaa eya re-para pirala. Go onasa nipuna yoganenanere kati pea. Goa pua nipuna aapuri adaalupe aya.

ari naarepalu Ari naarepalu nipu oge onasasi meda pia. Nipuri naare palu u napati pa pora agu pameapulu nipu ari naarepalu tema. Nipuri koberea.

egasa Egasare supara pabala. Nipu go supara paboa pirala pare nipuna siri no su runane pirua madiala. Nipuna aapu adaalu awa ogesi pirala.

egenana Egenanare su kaane madaa noare gopara paboa pirala. Nipuna tore iri waru naaya pare yaako piga pa pirala. Gore mo nelenele nona piane pirala.

ega kapua

Ega kapuare gore ora nipuna repena ega kaapupara pirala. Nipuna aaluri parati madaa aapu adaalu ata. Nipuna iri robaaparare ogesi yaako pia. Masaananere gore pa koborala. Goa puare nipuna to madaa pugu pea.

kiwa

Kiware nipu repena rudupara aga kaapupara ega kaapupara madaa pirala. Nipuna aaluri gore adaalu. Nipuna aapu page adaalu. Aane page ora awalapawa ragupaina pirala. Nipuri adaalusi madaa ora ogesi. Nipuri onasana yagoga ogedaa adaa.

onasa

Onasare oge adaa lapo yada pirala. Go medare egasa tama. Gore nipu kabe wakunabopara repena rolopara ora pirala. Nipuri ora koboro mamae pirala.

sugipipi

Sugipipire ega kapua nona pianega nipuri ora ruru waru adaapu pirala. Nipuna ruru repena kaapu robea patala pare nipu 20-pela 30-pela adaapu pirala pare pugu pia.

utu

Utu nipuri repena bokepara pirala. Ada waru pua patala. Nipuna kidipaare kaane pare nipuna romore kege maapurae rabu omala. Nipuri adaalupe ata. Aapuri adaalupe madaa ini pakene pirala.

yawalala

Yawalalare pa raapara pia. Nipu ora adaa eperupa pua napatea. Rana padane pataperupa puare wala ekeraane rado pua puaa patea. Nipuri kobere madaa ora ogesi.

wasa

egasa

arepe

yapaposo

irikai

Irikainu

Irikai gore nipuna bi irikaiga bi rado rado imaa niti bi adaapu teme.

igira — Igira go yapa nateadaa nimumi igira loa wae bi kateme. Raapara mea peme rabu yapa nateare gore igira madulu temere gore go irikai nipupara ero agaa teme.

madulu — Madulu temere gore yapa nati iri mada ronome omo gupa wae bi kateme.

peragalapua — Peragalapua gore mo irikai nipu repena egaa repara pererepara pateadaa teme.

pudiapa — Pudiapa gore yapa ora su luabu-para teadaa gupa pudiapa teme.

yana teme — Yana temere gore irikaiga imaa niti peme. Irikairi aanu nimuna biri rado rado maeme.

yapa tala — Yapa tala gore irikai nipuna kogonore yapa waru teapulu yapa tala teme

Yapaposo

Yapa poso gore nimumi balinuna yapa teme. Gore nipu kade kobere paakene adaapu aya pare poso teme. Gore nimumi abade naadesimipulu nimumi pa yapa poso teme. Medalomamere pusi teme. Medalomame pusikete teme.

adaai keto

ero

kenome

o

bulu

pugu

Paakanu

aina Aina ora adaape pia. Nipumiri onaa nala. Nipuri ora pakene ora adaa paakape. Nipuri repena pitaapara page kabe pitaapara page pirala. Nipuna aapuri rudusi aya. Nipuna aaluri maa rapuni aalu mea.

awina Awinare ora adaa paaka. Nipu repena repara kabe reparanu sua onaa epeme raburi nea. Nea raburi aanu medalomare ora omeme. Medalomare ora pereketeme. Nipuri ora adaaludaa dia. Pa rudu paakaga wape lepo putua ora paala waru pea.

ayanagae Ayanagaere ora epe yae pare kagaa karerenega paala waru pea. Nipuri yamala repena yo kabe kagaa karerenepara sala. Pare niaame mua mea yawoa nalema. Nipuna etare yapa wasa nala.

ero Ero ora adaa paakape. Nipu nogo ewa adapara ia pare mea epeme rabu mena sekereme kabeme. Nipuri ora adaalu madaa pakene pia. Nipu ora kagaa karere yo mamawa ora epe yae pia. Pare nipuri ora paala waru pea. Nipuna aalupa maa raapuri aalu mua nipu ora uba podo podolo teapulu ora paala waru pea.

keto Ketore paaka adaai ketopara aako keto pulapara bi lapo temaga meda yapae meda yapae maarea.

PAAKANU

legelege — Legelege paaka medare ora adaape parata kipiae yae yapulu nipu sala raburi legelege lala atadaa gupa legelege paaka tema. Gore nipu ora adaalu paaka yapulu paalame omema.

mena iti — Mena iti paakare nipu ipa ipudu sala. Nipuri aalu parati madaa kobere pia. Nipuri ora adaaludaa dia. Pa epe rudusi pia.

mugunu aina — Mugunu ainare awinare padanega imaa niti madaare adaapu go temadaa. Nipuna pepenare gore uba podo podo loa ora adaa paaka pia. Nipumiri onaa page nea. Medalomare omeme. Medalomare naomeme. Pare nipuri uba podo podo loa paala waru pea.

paaka — Paaka gore oge paaka adaa paaka go luabuna adaa biri paaka tema.

parapara ro — Parapara rore ora adaa paakape. Nipu ora adaalupe pia. Nipu ora adaa paaka madaa pakipaki lapo yada suare adaape ia. Nipuri kadipi page kobere page adaapu sala.

repena raberabe — Repena raberabe gore kadipi kobere pagega nipu repena to madaa paaki paaki pusua pirala. Repena suripara page pirala. Nipu ade rabu piri yae waru pula.

PAAKANU

rodoya

Rodoya gore nipu ora adaa paaka. Pare nipuri nema. Nipuna tore kagaa karerene pia. Nipuri maapu yamalapara epe repena kagaa karerenepara pia.

Mena

Menanuri e poaeme. Goa pua nimumi kolawipara mena eadapara noaeme. Adaa menare imaa adaape ia. Mena medalomare ini rubupi menapara kabu menapara yaako menapara kirupi menapara kobere menapara ragua mena page teme. Mena medare nipuna àa rado ayaga go mena awaka mena teme. Abasade mata tisimi raburi ipi mena aapu wabe mea sasimi. Menare ora niaana rede pi eta.

menanu

Akena

akena

Akena gore ipa lapo pia. Medare ora adaape. Medare ogesi. Nipu ora piarupa page nipu pora pamearupa page ora naadema. Nipu no adaa ipa kakua madaa piruaya. Nipu oge ipanu madaa napia. Pare niaame adea page napu tia page napema. Pare aa medalomame repena ubi loroa yaina pua go repena ubipara uri mapuawa lopaeme raburi nimumi go akena teme rabu ada turia epeme. Go raburi mena sekere moneme kabema. Nipu ora epe rede waru peapulu yawoa nema. Medare ora adaape gore akena teme. Meda rudusi madaa ogesiri oge loboyo tema. Pare nipu no adaa ipa runane agu piapulu nipu piarupa page naadema pare aanu medaloma yaina pua teme. Nipuri ora rede waru peadaa nema.

ipa yapa

Ipa yapare adaalupe madaa ora adaape. Nipuna aalupe page tope page ora adaape. Nipuna aapu pere parata kipiae yae pia. Gore nipu kimiri madaa naripinaaeme. Ripinaatalo pema raburi era putaba agu pua pula.

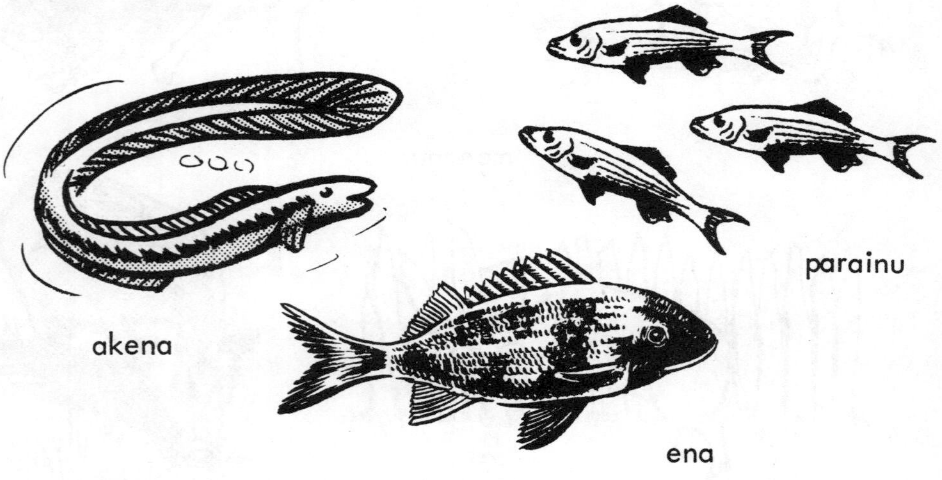

Enanu

kelema

Kelemare adaa enana agi. Nipu ora adaa enape pia. Nipu ipa solo-wara madaa pia adaa ena nona pea. Gore nipuna ini kadu lapo madaare inimatu kilipiala aina pia. Nipuri ora rede pi yae. Gupa oge akena nona piane.

poka

Pokare adaa ena rado pia. Nipu rubipae ipa inipara pia. Pare nipu paupara agu pia. Nipuna tore ora kobere aya.

ena

Gore ena luabuna biri pa ena teme. Pare ena madare asa sulalo si paga piare gore bone teme. Ena medare pare teme. Medare kobere teme. Medare katipi teme. Ribaa akuapame pamea enare akua ena teme. Ipa rea rabu meme enare gore re ena teme. Niaana supara ora adaa ena napia pare niaana oge ena abasana padane pia. Balinuna enare napia. Ena nipuri ora rede waru pea. Adaapu muare yaweme. Ogepu muare pepara page pabeme. Tagapara page kusitimi. Padane lapore gore irua neme.

parai

Parai gore oge adaa lapo pia. Medare ora adaa paratipere ada maluaeme adea tema. Ogesiri pa pepena pi parai tema. Pare medaloma kati pi pia. Medaloma kobere pia. Go ena parai lapore nipu padanepara pipi. Pare parai nipu ipa madaa pamea. Ena medaloma madaa pamea. Adaa ena su amaa pamea. Pare go parairi nayawema. Tagapara page pepara page nakusu pabema. Pa repena egaapara irua agu nema.

Urinu

Go uri luaburi rede waru pia. Adaapu mulalore ribaa pata wadunua mula puluma. Ora adaapu muare yawaleme. Ogepu muare pepara pabaleme. Medalomare tagapara kusalema. Pare oge urisinuri irua page nalema. Adaa urinuri pepara page tagapara lapo ora kusalema. Go uri luaburi rede waru pea. Nimuna agaa page rado rado teme. Go page go uri luaburi pa rado radopara napimi. Ora nimuna piri pare nimuna adapara pimi. Nimuna etare ipapara piri yae page raapara piri yaenu page luabu neme. Supara piri kolawi oyaenu page neme.

<u>bete</u>

Bete gore nipu ora epe urisi meda asa pia raburi gore nipuna si olaa page mea arita. Nipuri ipa ipudu agu pia. Nipuna tore medaloma abu pea. Medaloma kati pea. Gore adaapu pia. Nipuna asa ia rabu page gore abu pea. Medalomare yapipu nogo naakinumi aripalae ipula pea piri pae yapipu page mealeme.

<u>bulu</u>

Bulu gore raapara ia repena ramipare pia. Nipu repena suri madaa ipa ini rubitare nipu gopara pia. Oge ipa ini rubipae gopara page pia. Nipuna asare rakosupi sopi ipa nona pi madu ia pare puri pata. Kimi mema raburi narugula tabea. Nipu go ipa repena suri madaa iapara ora adaapu supu oraapu adaapu pirala. Nipuna agaare bubu loa lai talae nona pia. Nipuna tore abu pi page karerene page adaapu pia.

kenome

Kenome gore raapara page ipapara page ora adaapu pia. Gore ipa maa sege sege nepara ora adaapu pia. Pakene page katipi page kobere page rado rado pia. Nipuna agaare geao geao ta. Raapara page maapuninipara paupara page pimi.

maregatali

Maregatali gore oge uri pena sisi pimi raburi kau purimi auta. Nipuna aapu rugulu rubala nipuna kia awa pena sisinuri gore maregetali tema. Gore oge uri madaa karerene ora adaapu ipa kakua koma pia. Gore nipu kabe yo repena yopara pabo pirala. Nipuna umunane yaako pia.

o

O gore nipuri paupara page raapara page pirala. Nipuri to madaa madapi madaa ora adaapupe pirala. Ki palaa page adaalu madaa ipa paupara agu pirala.

oga

Oga gore uri oga page padane go pugu nona pea pare nipu ora rado. Nipuna tore kaane nona pua nipu ogedaa adaapu pia. Nipu ora padane aanapara ora adaapu pia. Gore nipuna asa sala raburi yaako pia. Go oga pugu lapore nipu ora padane piane uri lapo pipi.

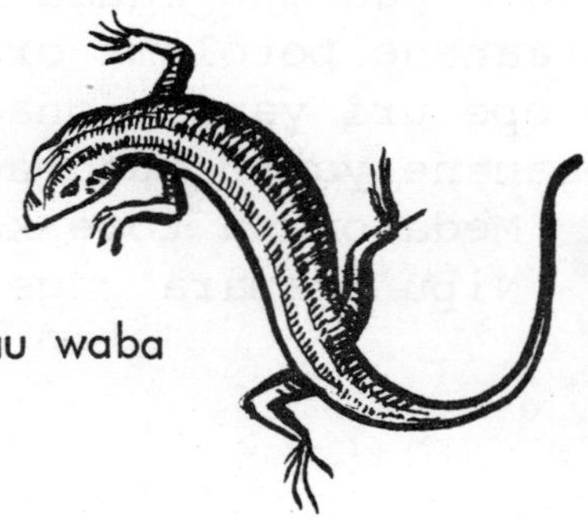
kau waba

kau omea

okokaa

Okokaa gore pata agi nona pi nipuna yago meda. Gore abade ribu pisimi rabu go uri nanesima. Go uri mea nalimiri gore nimi ora omalimi simi. Goa loa imaa niti bi ribu aya simi. Go uri nipuna to madaare makemake ayapulu nipuna to madaa page rakosupi sopo ipaa nona pi yae ora adaapu aya. Gore mo pata agi yapae okakaa nipu yapae kone sua adema pare okakaa nipu rakosupi pia. Pare pata agi nipu madaa rakosupi napia. Abade go uri wapeae yae mea nalimi raburi nimi ora omalimiga go uri namea nalepape simidaa ora paala omoa namea nisima. Pare abiare go ribu gimisimipulu pa mua nema. Go wapeae yae nipuri aanapara ora adaapupe pirala. Raapara page pirala. Go uri lapona asa ipi raburi goa abu pua ora adaapupe ipi.

paima loke

Paima loke gore ora adaa kenome agipe. Gore raapara pia. Nipuri kau wabame aapu rugulu ruboa nipu wala uri auta. Gore nipu ora adaape yapulu niaame paalame ora waru omema. Nipu ora kobere adipi page katipi page pia. Gore nipu ipapara napia pare nipu raapara pia. Nipuna to medaare repena yo raami nona pea.

pata agi

Pata agi gore ora adaa uri mudu. Nipuna tore paakene madaa kidipaa madaa oraanane potolema ora adaapu pia. Go uri nipuri ora epe uri yapulu onaame raaname omeme. Nipuna robaanane yaako pua madaananere repena yo nona pea. Medalomana tore kadipea. Medalomana tore kerere ta. Nipu ipapara page raapara page pia.

pugu

Pugu go uri puguri ipapara ora adaapupe pia. Nipu padanepara ora adaapupe pirala. Nipuna tore ora kobere pia. Nipu mua sae raburi rakosope pirua pugu pia. Goa peadaa uri pugu tema. Go uri nipuna tore ora adaa dia. Nipu raapara page pia.

raali

Raali gore oge uri bete nona pi yapare nipuna tore karerene madaa ora epe oge uri. Nipuri raapara pia pare padane piripara adaapu pirala.

rege

Rege ora oge urisi meda paakenesi pirala. Nipu ipa paupara agu pirala. Katipi page karerene page ora adaapu pirala.

wapiruru

Wapiruru gore uri meda supara wapi runane pia. Nipuri kobere page abu pi nona pi page adaapu pia. Nipuna kiki àà ora rudusi madaa robaa kebo agiti pia. Nipuna agaare tutu ta. Nipuri ipa waru adaapu pirua rede waru pea. Paani pi raburi agaa nata. Pare nipu yai lubu pea rabu onanumi raapara pua agaa lala piapara aaneme pagoa go wapi alupia meme. Nipu pename napia pare ora kudiri pu pia. Medaloma adaape pia. Medaloma ogesi pia.

tutu

Tutu nipu so raapara pia. Nipu pa wapipara page supara agu pirua nipuna agaa tutu ta. Goa ta raburi onaame pagoa mo wapi alupia mua nema. Nipuna to page ki àà page ora rudusi agu pia. Pare nipuri ora rede waru peapulu nema.

Kaunu

adunini gia

Adunini gia gore ora adaapega paala waru pea. Nipuna tore paaketapulu niaame paalame omema. Nipumiri onaa page waru nala. Goa pua nipuna aapu kadolo ruboare wala uri kenome auta.

kau

Kauri bi rado lapo reponu page ia. Pare kau nipuri kobere page kadipi katipi page pirala. Nipuri raapara page adapara page pirala. Nipuna adare su runane pua patala.

narea

Nareare oge kau. Nipu naare adolalo ada peraapara page poranini page pirala.

omea

Omeare onanuna modo imipara pirala. Adaalupe madaa koberepe pirala. Nipuri nogo naakinumi naleme.

rulapitu

Rulapituri ora kau nona pi madaa nipu repena maapara pia. Nipuri kadipi madaa uba podo podo ta. Nipumiri onaa page nea.

waba

Wabare ora palaa pi waba pia. Nipuri repena maapara agu pirala. Goa pua medamere onaa nala. Go page nipuna pepenare gore ora wapelepo peaga ora palaaputea. Nipuri repena diwi maapara agu pirala.

yodo

Yodore kadipisi madaa ada peraapara pirala. Nipuna aapuri ora yaako pia.

Bolo Puna Itinu

aipa riti

Aipa riti gore nipu so raapara page yaginini page adaapu pia. Pare nipuna adare alimudi ro adialaderupa adia pia. Nipuri robaa kebo agiti madaa taga pisi pia. Nipuna adare nipuna robaapara piri momo yoloa pea. Goa puare nipu mea nema pare gore rede waru pea. Nipu ora epe taga onaame page neme. Nogo naakinu ipa ipudu pamua asapua neme.

alimudi

Alimudiri ora epe yae. Nipu pa raapara pia. Pare nipuna ada pape yaere gore nipuna robaapara pia. Nipuna mogo wala yolo suare gore ada pua nipuna apaa su gopara pia. Nipuri kidipaa alapelape pi madaa nipu ipa ipudu ora piritalo rapea. Goa puare sinu page adaapu madua gopara repena yo medama yo ada pua sua gopara reko pimi.

alubi

Alubiri ora onaa page waru nea. Nipuri aapu yopara kabe yopara page repena kenini page etea. Nipuri ada puare nipuna apaa pa suare wala gopara agi piramama puare naare paluri onaa waru nala. Nipu piripara pe raburi onaa ora waru nala. Pare yapupuri nipu yopara pa patalapulu onaa nanea.

alurai

Alurai ada pukapara pirua sapi pusini mena sae oyae raani mo niaana wae adapara sabata pema. Gore nipu epa odabawa piruare noa i rosua pia pare abo ipuare mo alurai nipu page mea paboa pa nema. Go raburi niaa yaina omema. Medare raapara repena ramipara pirala. Gore pora alo tema.

apita

Apitare nipu kabe maapara pia. Nipuri katipisiga kabe maapara noa pia. Nipuri adaalusi rara nona piane niaa oge nogo naaki niaame nema. Nipuri mo kabe maapara pirapalae aina epa pusua nema. Pare nipuri katipisi pia. Gore oge nogo naakinumi redeme omoa neme.

aroba adu

Aroba adu ipapara piri yae meda. Gore patati yae madaa nipu ipapara agu pia. Go yaere ratua mua nema pare rede waru pea. Nipuri no ipapara piri yaenu asapu noa pa piruaya. Tore kobere pare lagaa page nema.

asawaku

Asawaku gore aebo page naare palu page yapipu page ia. Pare yai ipua yai ta pea raburi asawaku ia. Gore nipuna pepenare aane medanane karerene su ia. Medapara kaane su ia. Medapara abu pi su ia. Goa puare paake mamawa ia rabu niaame paalame ora waru omesima. Go asawaku isa raburi gupa simi. Romo malu madia ipulumidaa pia simi. Go page remome onaa nolalo pia simi. Medare onaa meda yaina oma pa isa raburi go asawaku salare romo malumi onaa talemedaa pia simi. Goa pisa raburi mo asawaku madaa ki maala nawakiape simi. Go ki maala wakialiri nena amana adu rugulu rialia simi. Goa simi raburi paala ora waru omoa ki nawakisima. Go agaare abia page pa teme. Go asawaku ia raburi romo malu madia ipulumi pia pa teme. Go page onaa meda yaina ia raburi yakimi go aana wasa mulalo pia teme. Aa mudu page meda omeme rabu sogo yaa madaa asawaku repena egaa nona pi roayare gore aa Goteme repena egaapara so mea iraladaa teme.

ata muta

Ata muta gore repena puki maapara adaapupe pia. Nipuri ora ogesidaa adaa yae pare nipu naneme. Nipuna aalu madaare epera laponudaa pea. Nipuri medare kobere pia. Medare taga pi pia. Go nipu lapo rata padane pianega to padanere rado rado aya. Gore nipu aluri kepa pua puri pane yae pia.

aya keraa

Aya keraa gore adaape pia. Nipuri ora adaape madaa kagaa karerene pia. Gore nipuri repena maame warita palo maarea. Neme adali raburi repena yo yapae kone sali. Pare nipuna kidipaa adoare gore ayakera yana kone sali. Nipuna robaa page ora adaape aya. Gore nipuri oge nogo naakinumiri neme.

ayamu

Ayamu gore kobere madaa nipu su runane pia. Nipuna apaa page su runane ia. Gore nipuri su runane piruare nipuna si page amaanane aria ipula. Nipuna kidipaare oraapu ata.

aabua

Aabua oge yaesiga nipuri naleme. Nipuna aalu madaare amo pea. Nipuri repena madaa pirala pare nipu naleme. Nipuri ogesidaa parati nona piane pia. Kidipaa waru adaapu aya. Gore neme pare redeme omeme.

aaipore

Aaipore nipu repena maapara pia. Nipu si aripalae agu pirala. Nipuri aai madaa pirala. Kobere page pirala. Abu pi page pirala. Nipuri onaanuna aanepara page odabawa pupula raburi aane waru nea.

BOLO PUNA ITINU

betamu

Betamu gore repena muni maapara pia. Go yae nipu ora rede waru pea. Gore nipuna kaare yabia kaa madaa pea. Nipumi inipara pu rapiaya raburi gore rero waru pea.

bolo

Bolo no supara pia. Nipuna maasi page robonapayae. Nipuna tore gore kabupisi madaa iraisi ogesidaa adaalu aya. Nipuri mata raapu padanepara pia pare onanumi go bolo nipu page neme. Bolo nipu nea pare pora pamuapere gore gimi omema. Aapara maaku waru peapulu go bolo piri pare popere gipea.

daali

Daali ogesi. Nipu matana yagoga nipu ora ogesi abasana piri yae. Nipuri kobere yaesi pia. Ada runane page ora adaapupe pia. Maapunini page pia. Gore ona nogo naakinumi nema.

ema

Ema gore niaana aalupara pia pare radaa waru pea. Nipu ora parati madaa nipu wae yae pia. Onaa waru neaga niaa waru naadayalema. Aalupara kiru agu pala piramona pia.

ete

Ete gore niaa onaa pima padaa pia. Nipu piruare niaa nala pia. Gore nipu katipi madaa ora adaapupe pirua onaa waru nea. Nipuri irikai madaa page pia. Gore irikai madaare ora adaapupe pia.

etoeto

Etoeto piri yaere nipu onaana itapa adapara adaalu yaesi pia. Aapu ae yaedaa pamuala pirala yaere etoeto piri yae tema. Medare yasa rami pirala.

<u>gae</u>

Gore ribaa aebo 6 kiloko page aebo apasi 6 gupa nelenele loa agaa ta. Medare noaenoae ta. Goa loare gaeme ribaa go mayameda. Gore ora adaapu pia. Nipuri katipi page kobere page pia. To madaa-re pepo pua asawakana pearupa biya pamuage kopa page aya. Nipu omoa raburi adaape pa nina nape wala opa-taboa rado popea. Go page naakinupara gae nanape teme. Go gae mea naliri gore ne aipapulu oyae yali teme. Gore nipu raapara piruaya.

<u>irikai aari</u>

Irikai aari gore su kaane madaa meda odabawa pirala. Nipuri yaako pisi madaa pameda nona pea. Gore nipu su runane pia. Medare sapi ini madaa pirala. Nipuri neabua agi nona pianega kaane nipuri sapi ini madaa pirala.

<u>iti</u>

Itiri gore raapara adaapu pia. Kaane page kabupi page kobere adaape page ogesi page ora adaapu pia. Niaa raapara pema raburi go itimi niaa waru nea. Nipuna agaare aalu aapunane page ratane aya. Go itimi nepara kiru waru pea. Gore niaa kupa ora luabu nabea raburi ora oyoa niaa mada radaa page waru pea.

<u>imaanalo</u>

Imaanalo gore ora kabitu agipe. Nipuna imaa adaapega epera epera pea. Goa peapulu niaame tulalore aana adaanu mua go aaname regepe tema. Goa puare niaame nema.

<u>kaba</u>

Kaba gore mata kaba temere gore padane wakemalo nona piane pia. Wakemalo mata kabare padane piane yae pimi.

asawaku

oboro

daali

aroba adu

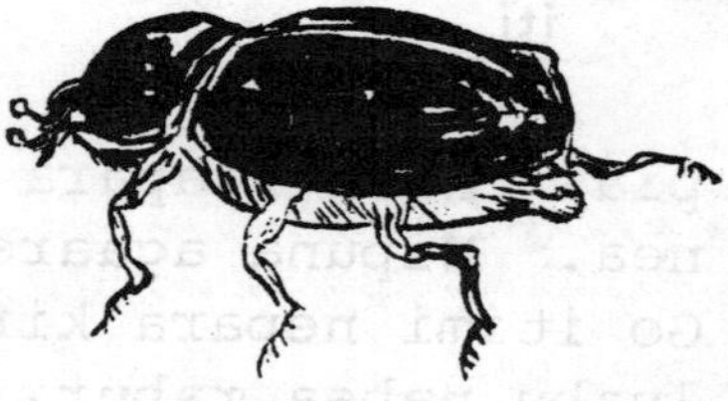

ata muta

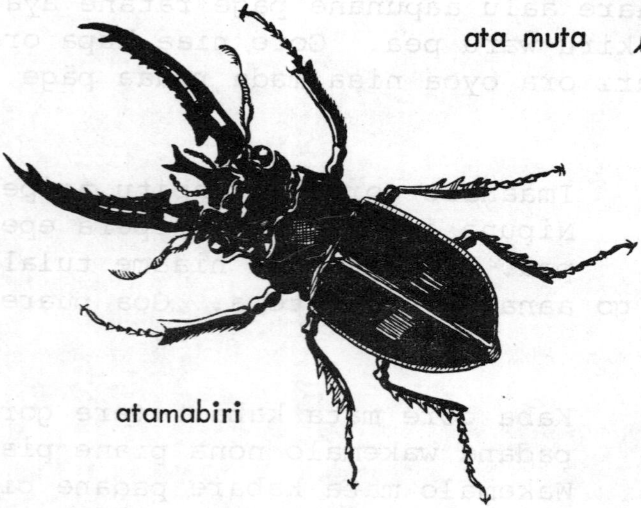

atamabiri

alimudi

kabitu Kabitu gore ipapara pia. Nipuri rede waru pea. Nipuna kidipaa alape lape pua ayaga nipuna imaare onaame nolalo peadaa gimema. Pare nipuri ora rede waru pea. Nipu mo ipapara pa pia raburi madaa pea. Pare mea irua nolalo pema raburi katipua abu pea.

kagaruki Kagaruki gore no su runane mata raapu page pia pare onanumi neme. Nipuna tore gore yaako pi aya. Nipumiri onaadaa naneaga kimi mua mea tua neme.

kala yamamu Kala yamamu gore adaape madaa koberepe pia. Nipuri kidipaapere adaapupe alape lape pi yae pia. Go yae nipumiri onaa page nala. Nipuri tuare ona nogo naakinumi naleme. Nipuri ora adaape yapulu nipu ora su runane wasame piraladerupa pia. Wasa kone sua awaleme raburi onanuna ki regepe nala.

kate Kate gore go su runane pia. Bi medare bolo tema. Gore onanupara nogo naakinuparamere neme. Go yae nipuri go su runane pia.

kayabo Kayabo gore adapara pia pare nipu etena yago. Nipumi neare ora radaa waru pea. Nipuri parati madaa nipuna agaa page paratea. Nipuri ada padaa onaa piripare page u pati padaa lapone pirua onaa waru nea rabu medaloma kupa noa madiayawoa yaina omeme.

kobere rulu

Kobere rulu kadipi rulu lapore padane piane lapo rata. Nipuna kiki àà madaare gore pepo adaapupe aya. Goa puare nipuna agaare terete nili nona pea. Go agaame nea raburi kiru agu puare rere adaape pia. Goa puare nipumi romo medaloma mapirawa niaa yaina omema. Nipuri ora so raapara agu pia. Goa pua niaa raapara pema raburi gore niaa agu epa nala.

kopo

Kopo gore raapara pia. Nipuri onasa kona maemapara pia. Onasa meda epa roaya raburi go kopo nipumi koloa nea. Nipuna tore kobere si madaa nipu wapi runane pia. Nipuri kidipaa alape lape pea.

koyada

Koyada gore nipu rara nona pianega nipu besaa konaape oyae ponolalo pia Nipu repena madaa napia. Yagipara po rea rabu page nipu page gonini pia. Nipu go oyae pena opea yaenu mea noare robaa agiti madaa koberepe pia. Nipuri pepo pi madaa ora maaku pi yae pia.

lokeloke

Lokeloke gore oge oyaesi meda. Nipuri adaalusi madaa kobere yaesi pia. Nipuparare gupa teme: Nere poaeneya adare piniya tema raburi nipuna maa logeamama peadaa nipuna bi lokeloke tema.

lolo

Lolore raguta nipuna yago. Ora adaapupe pia. Nipu repena madaa ada pua gupa rakina ada nona piane adaapupe pua pia. Gore kadipi raguta. Nipumiri onaa page waru nea. Kobere raguta page supara pia. Nipu repena pitaapara page pia. Go kadipi ragutana apaare gore lasa nona pea loa mua naleme.

loma Loma iti gore padane yae. Nipu raapara pia. Nipuri adaape page ogesi page pia. Nipumiri onaa waru nea. Niaana kupa mano diaya. Goa pea raburi kiru agu pua rere adaa waru pia. Nipuna agaare eke waru ayaga nipumi onaa nea. Nipuri gupa etoeto piri yae nona pianemega onaa waru nea. Kaane page pia kadipi page pia pore page pia. Gore nipuna ekere nili ogesina rugimi adeapulu nipuna eke ora waru aya. Agaare aalu aapu lapo ratane aya.

makenaapo Makenaapo gore raapara sala. Nipuri pokai adaa nona pianepara pia pare nipuna ekere epera lapo pea. Goa pua kobere sala. Go page nipuna tore pa yae nona pianega mo raapara suaya. Nipu ora pala ogesidaa pea.

manemane Manemane gore konaape maapara page oyae luabuna maapara oma pae yae-daa konaapenu neare manemane tema. Go yaere ora maaku waru pea. Go yae nipumiri oyae pena poaema raburi nipumi ponoa luabu nea.

mata Mata gore epe rede pi yae nipu su runane pia. Nipuna irinanere koberea. Nipuna umunanere kati pea. Nipuna simiri koberesi madita. Nipuri oro yaalodaa napia pare nipuna di rabu luabu epa pia raburi onaame awoa nema.

medo Medo gore kayabo nona pianega nipu mena kutapara pia. Nipuna agaa page gore paratua nipu ora katipi wae yae pia. Nipuna agaa page paratua nipu-mi onaa page waru nea.

BOLO PUNA ITINU

mitu malo

Mitu malo gore nipuna to madaa iri waru patea. Nipuri kobere yae pua. Onaa to madaa orae raburi rere adaapu pora pora lamea pupua pitaa. Go yae nipuri koberepe madaa adaape page ogesi page gore lapo pipi.

momogo

Momogo gore oyae meda go su runane paki pua sala yaere momogo teme. Nipuri kobere madaa supara agu momogo pua sala. Gore epe yaedaa dia nipu adoa-re paala waru pia.

neabua agi

Neabua agi go nipu tuare aa meda neabu yaina omea raburi gore mena ami raapu go yae waria ripana kateme. Go neabu yainare gupa pea: Nipuna tore nala peae pirua maeya noa omeme. Goa puare etare nagimeme. Etare waru adaapu neme pare nimuna tore ora ipayaniaawa ogesi aya. Goa pea raburi yaina pua mena tuare go neabua agi raapu neme.

ninima kata

Ninima kata gore oge yaasi pena madita raburi agimi go yaana eta kalape yae pamu asapua epa kata-re ninima kata. Agimi adapara madu sabawa nipuna nape ninima asapata puare gore eta epa kata.

oboro

Oboro gore adaalu madaa ogesidaa adaa. Nipu maapu yaginini pia. Nipuri kati pi madaa palape page adaa adaalupe. Nipu waa yopara pia. Gore nipu kidipaame onaa kalepeta.

ore yapayapa

Ore yapayapa gore ada adapukapara pia. Nipuri paratipega nipu mata nona piane. Nipuri katipi page kobere page adaapu pia. Nipuri ora maaku waru pia pare niaana nu page luabu loroa sala.

pameda

Pameda gore so raapara repena rado rado rado mada noaya. Gore repena madaa wapaga ru ia adoa poaeme rabu repena are rolo rubamama peme raburi yaako pi rage odeme ade yae yada adaapu waru piruaya. Gore pameda iri patipara koda kodapara adaapu waru piare pameda waru pia teme. Gore waru pepe adaapu meme. Pare repena meda madaa wapaga koda koda iripati page napiri adaa pameda page napiare imadaa raane pameda teme. Gore go pamedana yago ogesiri gore rara teme. Go rara nipuri adaa repena madaa nane oge repena nu mada noaya.

pora alo

Pora alo gore nipu repena ramipara pirala pare nipu go repena rami rege pima raburi gore nipu alurai nona piane yaega aipapulu aaloma pupula. Nipuri madaa naripinaliga ora aaloma aipapulu pupula.

puna

Puna gore nipu adapara pirua pupitagi page nea. Nipumi no itapa adapara pua pirua wala sapi piribi ima madaa ipuare mea nea raburi niaa yaina omema. Nipuna kidipaa luabu madaare gore pepo peaga go madaa wae yae apala pala pu ipua eta madaa epa pimi rabu niaame pa mea nema rabu yaina omema. Go puna luaburi gore ada ragipara pateme.

BOLO PUNA ITINU

punasi

Punasi gore mena i punasi teme. Nipu mena ini kadupara agu piraladaa nipu mena i punasi tema. Go punasimiri onaa page nala.

rakema

Rakema waga gore nipu repena ramipara aga maapara rake maapara sala. Gore nipu menana kolawi page adaalupe. Supara page pirala. Nipuri asawaku sapalaepe pirala.

rakewala

Rakewala gore paaka meda adaalupe repena maapara sala. To kadipi madaa adaape palaputi pirala. Nipuna aaluri parata kipiae yae pirala.

raki

Raki gore nipu repena maa agu noa pirala. Nipu repena ropea maapara gore repena rado radona maapara page pirala. Nipuna ada pulalore gore nipuna lo pia ora silo rubalaga nipu madaa napopalia. Nipuna to madaare pepo pua iri waru patala. Nipuna adaamere gore sekere mano ubi page waritima. Nipu muare gore iri aba waru mea yagoare gore pepara paboa nema raburi gore rede ora waru pea.

rara

Rara gore repena madaa pia. Oge repena madaa page adaa repena madaa page pia. Nipuri epe rede waru pi yae. Nipuna imiri noa lobataboa raki adaa nona piane yae mea marala pataya. Nipuna tore kati pea. Nipuri adaalusi menaeada nona pea.

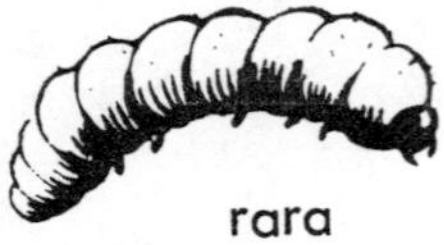

rara

puna

rulu

remo rage

Remo rage gore nipu adapara page waa yopara page pia. Nipuri ogesi madaa nipuna ini to page abuna kati agu pea. Pare nipuna agaa ta raburi ona nogo naakinu page meda ora omeme. Go raburi go yaere ora epe agaa ne yae yana teme.

remona mata

Remona mata gore su ruginini pia. Nipuri ini pitaa page adaalupe aya pare nipu su ruginini pia. Nipuna si page so su ruginini madu sua nipu gopara pirala.

riayadi

Riayadi gore mo ipa koma pirala. Gore repena yome auta pare nipu ora epe rede pi yae pia. Nipuna to madaananere gore ora repena yo nona palia. Pare nipuna robaanane yaako pua kidipaa aliare gore adoa iriyadi loare mea irua malema pare rede waru pea.

rigina

Rigina gore adaa oge page gore ipa reponu page pia. Gore mo rigina nipuri mo aana apedapara page repena yopara page pia. Aana adaapara page ada pua reko pia. Menanuna inu madaa page ora adaapu pimi. Goa puare niaa nea raburi niaana kupa no yolorua niaa ogetema raburi gore niaame romo malu pepetema. Goa loa yaina adapara namea pema raburi gore aipapulu mogo omeme.

robe agi

Robe agi gore repena ramipara page kabere ramipara page nipu kobere adaape pia. Nipu ora epe rede pi yae loa onanumi naleme. Medalomare iri napati yaako pi pia. Medalomare gore iri pati adaape madaa kidipaa page alape lape pea.

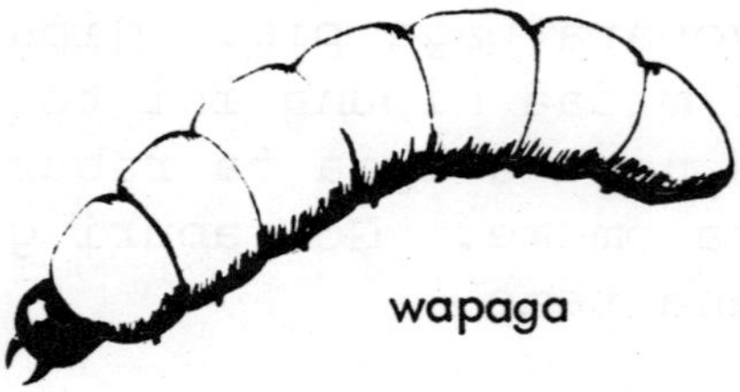

wapaga

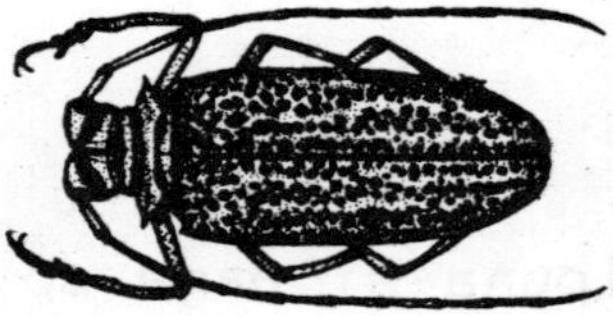

wapaga riga

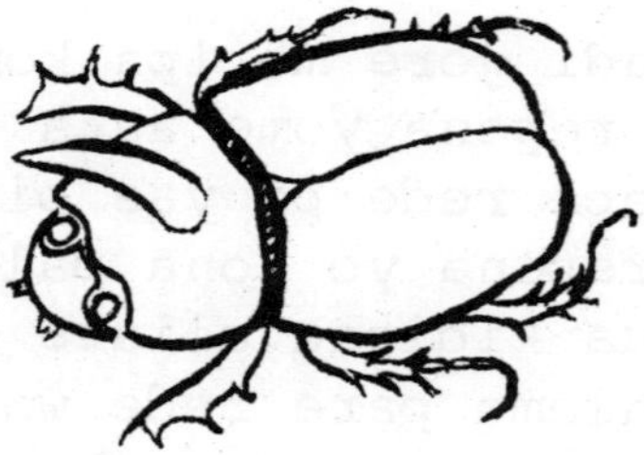

robe agi

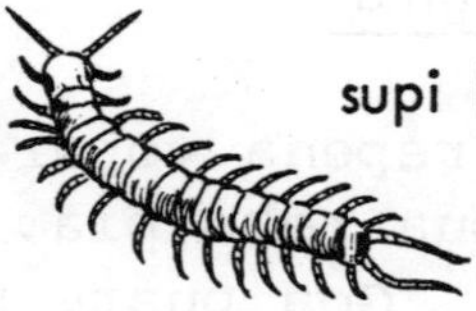

supi kalai

wabula

aipa riti

robe Robere gore adaapega nipu go su runane pia. Nipuna kidipaa alape lape pi yae madaa ora adaape pia. Onanumiri gore tua neme. Nipuna agiri ora onaa page neapulu paalame omema. Nipu oto piga ribaa page mumu ta pare nipu pora pamea.

roge Roge gore nipu aaina repara page maana repara page nipu go yae nadoa go maa aainuna repara agu pia. Ega maapara page pia. Medalomare supara pia. Pare go yaere onaame page ora nanaleme.

rupi kalai Rupi kalai gore nipu no su runane pia. Nipuna to luabu madaare epera epera agu pua ora kati puti pia. Mename go yae mea nala raburi gore nipu yaina omala. Nipu kidipaa tonini alua waru opeaga ora onaame paalame waru omeme.

supi kalai Supi kalai gore su runane pia pare nipu koberepe madaa kidipaa alape lape peapulu nipu ora paala waru pea. Gore mename go yae mea nala raburi go mena nipu yaina omala.

wabula Wabula gore nipu ipa ini rubipae madaa pia. Nipu adaalusi madaa aalu kebo agiti pia. Nipuna kopa iri lapo gore adaalupe aya. Nipuri adaape page oge-si page pia. Nipuri ipa inipara agu pia.

wake Wake gore nipu so yamalapara reko pirala. Nipu kagaa karerene page abu pi page adaapu no yamalanini pabo pirala. Nipuri ona nogo naakinumi mua naleme. Gore nipu mua nemere rede pia.

wakemalo

Wakemalo kiralore gore padane pia. Nipuri kabepara page yamala putipara page gore ora adaapupe pia. Nipuri kagaa karerene page katipi page gore adaapupe pia. Nipuri kagaa karerene page katipi page gore adaapu pimi. Medalomare adaalusi aya. Pare medaloma rudusi aya. So aga maapara pia gore ora adaalupe yapulu niaa nema. Mata kabamalo go bi luaburi gore padane yae.

wapaga iri pati

Wapaga iri patiri gore abadere pa wapaga no repena runane pea pare o meamama puare iri patea raburi amaanane opataboare gore nipu amaanane go epa piadaa. Gore nipuri matame piaderupa gupa pamea. Go matare ogesi pare mo wapaga agiri ora epe ta.

wapaga riga

Wapaga riga gore ora epe wapaga. Nipuna ini page napia. Nipuri ora apaa kedaame omeaga ora epe ta. Nipu mea nemapare page rede ora waru pea.

wapipuna

Wapipuna gore ada napia pare nipu so raapara agu pia. Nipuri i ro imi no mena yaa yapa so raapara ramea page neme. Goa pua nipu ora so raapara pimi pare adarepara pima onaa meda omema raburi gore pugu kakarua nimumi epeme.

yabiri

Yabiri gore nipu repena subi ini madaa ora adaapupe pirala. Nipu kobere page kagaa karerene page adaapu pirala. Nipu rudusi madaa adaape pia. Nipuri piapara maarea pare nipu repena subi ini etea rabu ipula.

yaginogo

Yaginogo supara piri yae meda nema. Maapu yagipara su runane pia. Nipu katipi yaesi madaa nipu ora rede waru pea. Gore nogo naaki luabumi su awoa muare gore nimumi paboa naleme pare rede waru pia. Nipuri ora oro yaalo su runane agu pia.

yakita kelape

Yakita kelape gore nipuna yago oboro pare nipu ora adaalupe madaa epe yae. Nipu ki page adaalu aya pare nipu robaa waru adatapulu rede waru pea loa neme.

yamoropa ada ata yae

Yamoropa ada ata yae gore nipu yasa ramea rabu page nipu mena ramea rabu page gopara nipu pia. Gopara nipu etoeto pu lapeae pia raburi etoeto pirae tema. Go page bi medare yamoropa ada ata yae teme.

yana mutu

Yana muturi repena puki maapara pirala. Nipuna tore kobere madaa kebo kebo page nipuna to madaa wakiala. Nipuri aalu kebo adaaluga repena puki maa agu noa gopara pirala.

yaaki ona

Yaaki ona gore abade niaana akuanumi gupa simi: Repena eya maa pena pulasaya raburi madia puala pisimi raburi gore yaaki oname madia pulumi lala pisimi. Go repena yo loroa mada pisimi raburi lesame loroa madia pe nona pisa. Gore yaaki onana eta go madia puladaa tame.

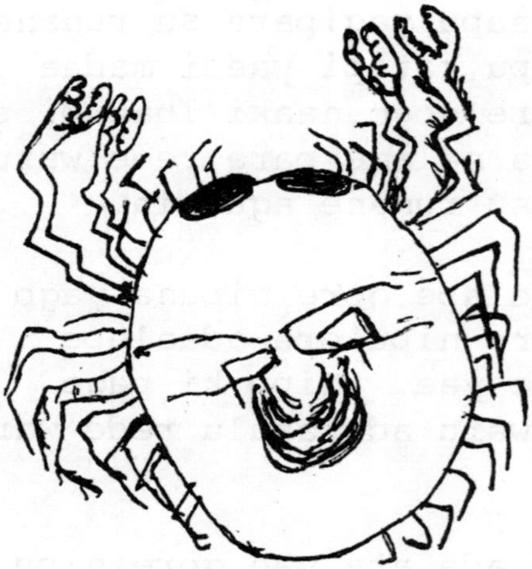

kabitu

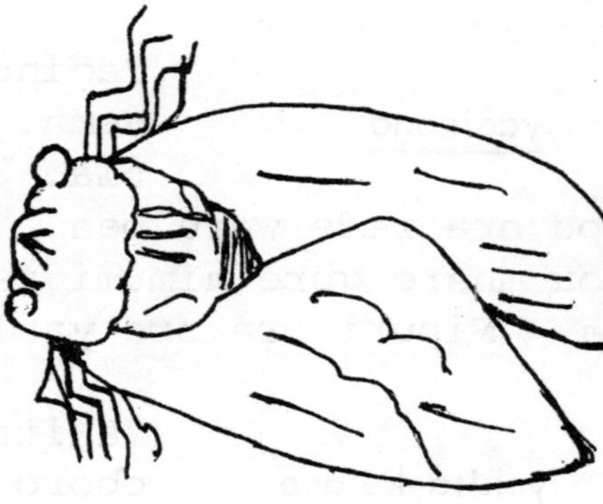

nelenele

rigina

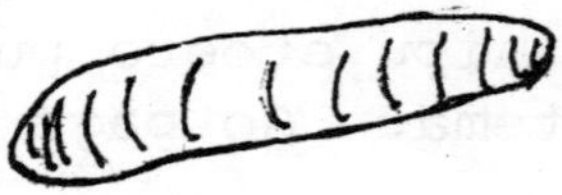

manemane

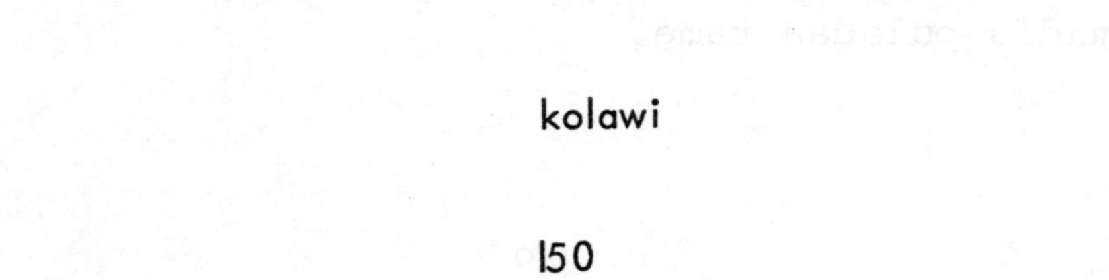

kolawi

yobo

Yobo gore nipu su runane pirala pare onaame mua naleme. Gore ora epe yae. Go page koba poaleme rabupara nipu ipua epa ponaladaa nipu yobolo bi matema. Nipuri pepo pi madaa iri ogesi patala. Gore onaame muare paboa naleme.

Kolawinu

kai kaapu

Kai kaapu gore ora adaalu kolawiri gore kai kaapu teme. Gore supara page repena ramipare page asawaku i madaa adaalupe pia. Onaa medalomame i ro imi rabu page go kolawi kai kaapu nimuna robaapara pirua popea.

kilorori

Kilorori gore yaako pi madaa rudu kolawi no su runane pia. Gore menanumi supara alupia e poaeme rabu mea neme.

wena walu

Wena walu gore kolawi meda no ipapara pia. Gore ena raapu piapulu gore wena walu teme. Ipapara supara pia. Nipu ora adaape madaa asawaku su ayapulu niaame page ora paalame omema. Onanu medaloma go yae ena kone sua meme pare nimumi paalame ora waru omeme.

aladi

adaa olasuba

amari

agaa mada

Yaanu

adaa olasuba

Olasubare gore nipu agapaepara yakipu putipara pirala. Nipuna iniri kaane aya. Nipuna iri page pakeala. Nipuri ogesidaa adaa pia.

adu

Yaa aduri gore ogesidaa adaa yaa. Nipuna ipula iri page adaalu aya. Tore katipi aya. Nipuna inipuri adaalu aya.

agaa mada

Yaa agaa madare gore oge yaasi mada nipu katipi yaa. Nipuna agaare ora madaa waru pia. Nipuri parepena palaa madaa patala.

agula ipudu pebaro

Gore go pebaro nipuna ini puri ora adaalupe aya. Mo yaa nipuri ora oge yaasi madaa nipuna umunane yaako pea. Masaanane kagaa karere ta.

agula rete

Agula rete gore nipu ora ipa ipudu pirala. Nipuna etare ipa mupara oyaeyae nea. Nipuna iriri yaako pala kobo rala pua pakeala. Nipuna ini kaduri rudusi aya.

aladi

Aladiri gore nipuna u pateaparare pa repena palaanini patala. Nipuna pepenare gore kobere pea. Nipuna kopaare ipa maala aya. So eno madaare gore asawaku sala. Eno madaare yaba aya. Nipuri ogesidaa adaa pia. Nipuna etare repena ini oyaeyaenu nala. Nipuna agaare kea kea ta. Onaanu go yaana iri adoare ora raaname omema. Nipuna yagore gupa kaapu miru.

alepaalepa

Alepaalepare gore ora oge yaasi meda. Nipuri ora ogesi madaa nipuna ada page ogesi pua patea.

aluba

Alubare gore oge pa epe yaa. Nipuri repena palaa luabu madaa patea. Nipuna pepenare eperupa meda napea. Nipu ora epe yada dia. Nipuna ini lapopara padanere gore amo pea. Nipuri pa oge yaa. Nipuna etare repena ini luabu nala. Nipuna agaa puri paloa kea kea ta.

amari

Amaririgore nipu oge yaasi madaa kobere yaasi pia. Nipuna etare repena ini oyaenu nea. Nipuna ini kaduri gore rudusi aya. Nipuna iriri katipi aya.

ameame

Ameame gore nipu pa repena palaa madaa patea. Nipuna pepenare gore pa taga pea. Nipuri pa adaa yaa pia. Nipuna etare gore eta luabu nea. Gupa repena ini oyae luabu nea. Nipuna agaare gore ora puri palo ta. Onaame nipu adoa ora epame omemema.

apelope

Apelopere gore ora oge yaasi madaa kobere pia. Nipuna to ora luabu kobo roa ora epe yaasi pia. Yapi talo pea raburi nipuna agaa aba loa nipu aba rekea. Gore nipuri oge repena sinu madaa patea.

aroaro

Aroaro gore yaa meda pare nipuna robaananere yaako pea. Nipuna masaananere gore kobo rea. Goa pua nipuna ipula iri ogesidaa adaalu aya. Nipuna apaare adaa repena maapara sala. Nipu page gopara patala.

awarola

Awarolare gore epe yaa pare nipuna pepenare gore ogesidaa eperupa pea. Pare nipuna iri mata pabolalo namema. Nipuri adaa yaadaa dia. Pa oge yaa pare nipuna ini kabo mawaya. Nipuna etare gore pa repena ini luabu nea. Onaame pa redeme omoa nape nema.

arokaaroka

Arokaaroka gore nipu maapunini piri yaa. Raaparadaa go yaa nipu napia. Nipu maapunini agu pia. Nipuna ipula iri page adaalu. Nipuna robaa-parare yaako pea. Nipuna masaananere gore kati pea. Nipu pa oge yaa.

bara

Bara nipuri ipa maapara patea. Repena maa ribaanepara page patea. Nipuna iriri ipula iri adaalu kaane aya. Aalu masaananere gore katipi aya. Bara iri ayare gore adaape. Iri naayare gore ogesi. Nipuna etare mena kolawipara repena ini luabu page nea. Wakemalo kau oyaeyae page nea. Nipuna agaare koa koa ko, koa koa ko ta. Nipuna kogonore nipuna eta nape oyae asa pea. Bara nona piane yaa page rado rado pimi.

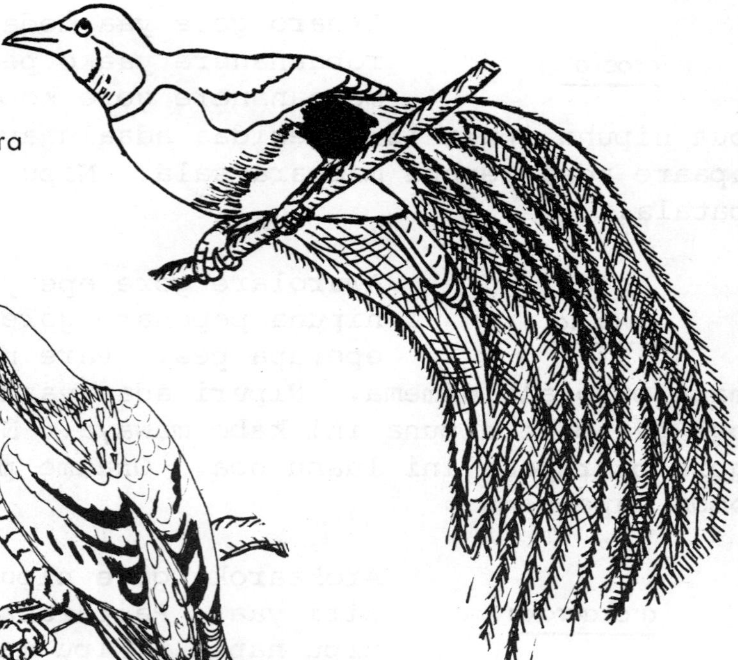

bara

eke

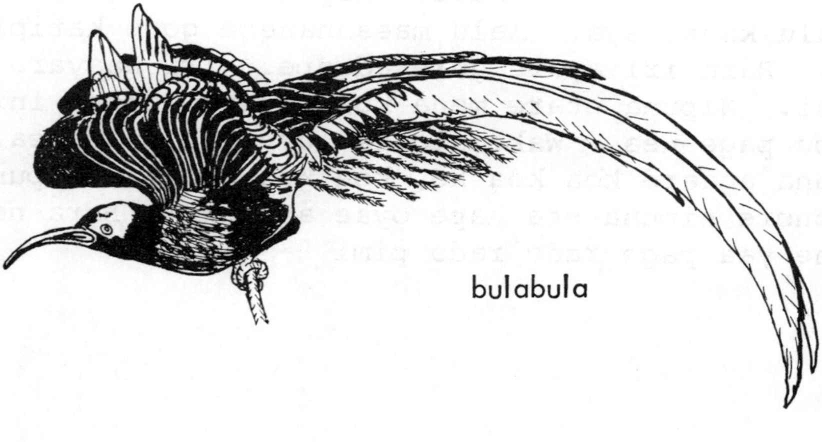

bulabula

belesage

Belesagere oge yaasi meda pia. Go yaasi nipu ora ogesi. Nipuna maasiparare kata. Nipuna to mada pa kobo rea. Nipuri pa mo repena ogesiparanu patea. Nipuna etare pa repena ininu nea.

bulabula

Bulabula nipuna u patape adapara nipuna pirape pare lapore gupa: u pateaparare aga maapara patea. Pa repena maapara patalia raburi nipuna iri talialo nipu ora aga maapara agu patea. Nipuna iri so aga yo popearupa gupa lopaina patea. Nipuna pepenare gore nipuna ipula iriri ora adaalupe aya. Gore kobo roa asawaku i yaega ora epe yaa. Nipuna masaa-nanere iri rudu rudusinu aya. Nipuna inipuri ora adaalu aya. Gore nipu ora ogesi dia. Nipu ora adaa yaa. Nipuna etare gore wakemalopara mena kolawipara repena ini medaloma page. Aipa inipara rake inipara oyaga inipara openuna inipara nea. Ratua ini page nea. Nipuna agaare bua bua ta. Gore ora puri waru paloa ta. Onaa luabumi nipuna pepena adoa ora raaname omeme. Goa puare mata pabolalo pepena pema. Nipuna yagore gore kisakisa.

eke

Yaa ekere gore ora epe yaa. Nipuna iriri kaane ata abu pea. Kagaa karene ata pua epe pepena pea. Nipuna agare parati aya. Nipuri adaa repena maapara patea. Nipuna etare repenanuna ini luabu nea.

emogo

Emogore oge yaa pia pare nipuna pepena eperupa napia. Nipuna inipara padanere gore abu pea. Nipuri tore adaa yaadaa dia. Nipuna etare gore repena ini luabu nea.

epesaepesa

Epesaepesare gore ora oge yaasi meda pia. Nipuna maaparare kaane irisi aya. Nipuna masaananere gore kobo rea.

giga

Gigare gore ora epe yaa. Nipuri repena kaapunu robea patea. Pare go gigapara ekepara go yaanuri repena pai ini etea rabu epeme. Go supara oro yaalo naepeme. Nipuna pepenare gore ora kagaa karerene agu aya. Nipuri ora repena yo nona pea. Nipu pa oge yaasi mada epe yaasi pia. Nipuna etare pai inipara pa repena ini luabu nea.

imuria

Imuriare gore epe pepena pea. Pare nipu adaa repena palaa madaa u patea. Nipuna pepenare gore ora eperupa pea. Nipuna maaparare yaako pea. Nipuri ora adaa yaa pia. Gupa yaa kuta nona piane pia. Nipuna etare gore repena ini luabupara oyae luabu neme. Go imuria nipuna agaare gupa mumu ta.

ipi alawaina

Oge yaasi meda pia. Go yaasi nipumiri aana aalu madaa page repena maanini pirua nipuna ikidi marekawa ogesidaa adaalusi. Nipuna maasiparare yaba masala.

itariti

Itaritiri gore ora yaa adaape. Nipu ora yaa pato nona piane pare nipu ora adaape. Nipuna maaparare gore amo pua wapelepo pi iri page gore waru aya. Nipuri oge yaa mataa nona pea. Go yaare nina supara napiaga balinumi mea epeme adema.

<u>itayama</u>

Itayamare gore nipu adaa repena maapara patea. Nipuna pepenare eperupadaa napea. Nipuna iri page oto pua ota pare nipu ora adaa yaa. Nipuna etare yaa kutapara pa yaanu luabupara paakapara yaapara go yaenu nea.

<u>itu</u>

Ituri gore nipuri aana suripara patea. Repena suripara page patea. Nipu su agapaepara page patea. Repena adaana kepara page patea. Nipuna pepenare gore oto piga nipuna uba podo podo loare yaako palapu pepena gupa pea. Nipu ora adaa yaa gupa yaa kuta nona piane pia. Nipuna etare gore yapa onasa yaa oyae luaburi gore nipumi tua nea. Nipuna agaare gore wea wea ta. Gore onaanu luabumi ademe raburi ora raaname omemega nimumi aweme. Go page onaame mo adaa yaana irinu ademe raburi nimumi ora epe ta kone imi.

<u>ipipi</u>

Yaa ipipi gore kobere madaa adaa nona piane pia. Gore nipuna ipula iriri gore ogesidaa adaalu aya. Yaa mataana agaa ta rabu page ipipi ta.

<u>ipirisi</u>

Ipirisiri oge yaasi meda wagalupara pia. Go yaasiri kati pua epe yaasi pia. Nipuna inisiri kabo mawe pia. Nipuri ora kati piga su amaapara pia.

<u>kalari</u>

Kalariri gore ora epe yaa. Nipuna iri page ora epe yae epe pepena pi aya. Nipuna to mada iri abu pi ata kaane ata kagaa karerene ata puare nipuna agare paratea. Go yaame repenare pa ruda mea rokatu rubebe pea.

kalari

itu

kalepa

itayama

kalepa Kalepare gore so Kilua Yalipunu madaa pia pare nipuna iri lapore go nipuna aalu madaa opea. Nipuri pa oge yaasi emogo nona piane pia. Nipuna iriri onaa luabumi raaname omemega mone yoto adaapu meme.

kapae Kapaere gore nogo ewa adapara pia pare nipu ora adaa yaa. Pare nipuna iriri epe kaane. Mo yaa nipu ninadega maarea.

kapumiru Kapumiruri gore ora miru karuti yaa pia. Nipuna u pateaparare gore rake maapara page repena maapara page pa patea. Nipuna pepenare gore miru karutuare ipula iri ipa lapo etea. Nipuna to luaburi kobere agu aya. Nipu ora adaa yaadaa dia. Pa oge yaa. Nipuna etare raapara piri oyae wakemalopara repena ini rado radopara nea. Gore onaame mata pabeme rabu go yaana iri adoare ora raaname omeme. Go yaa nona pianere go yago meda napimi.

kagurete Kaguretere gore so raapara oge yaasi meda pirala. Nipuna iri puri yola pata. Nipuna iriri pa kabupisi ata. Nipuri ora so raapara agu pirala.

kolebarero Kolebarerore gore ora epe yaadaa diaga nipuna iri luaburi kati pu rubala. Goa puare nipuna iniparare kobere irimi kuta pu sala. Nipuna bi kelebarero siminare nipu pia ne raburi rero pia. Yabia nona pia. Inipara page ora rero pua oyala.

YAANU

kisakisa

Kisakisare gore nipuri iri eperupa ayapulu nipu rake maapara aga maapara page repena maapara page pa u patea. Nipuna etare gore mo adaa bulabulame nearupa neme. Nipuri oge yaasi pia. Nipuna agaare kisakisa kisakisa ta. Gore onaame ademe pare oge yaa kisakisa page raaname omeme. Go yaa bulabulapara kisakisa nipu lapo ora pipi.

kotapu

Kotapuri gore mo maapu yaginini pia. Nipuri kati pisi pia. Nipuna ipula iriri gore ogesidaa adaalusi aya. Gore nipu raapara napia. Pa maapuninipara yagi runini pia.

lepera

Leperare gore ora oge yaasi pia. Nipuna iriri gore kabupisi aya. Nipuna ini kadu ipula iri page ora rudusi agu aya. Goa pua pa oge yaasi pia.

lolo

Lolore gore oge yaasi meda pia. Nipuri kati piga lepera nona piane pia. Nipuna rururi ora adaapupe raapu piraleme. Goa pua nipuna irinu page agaanu page rudusi agu ata.

maa apaa

Maa apaare gore ora epe yaa. Pare nipuna pepena eperupa napea. Nipuri ora adaa repena maapara patea. Nipuri ora adaa yaa pia. Nipuna agaare pename nata. Onaamere epe yaa yapulu nimumi raana omoa neme.

maasa Maasare gore epe yaa. Pare nipuna pepena eperupa napeaga nipu pa nape yaa ora epe ta. Nipuri ogesidaa adaa yaa pia. Nipuri pa repena palaapara patea. Nipuna etare repena ininu nea. Onaamere epe yaa nape yapulu raaname omema. Nipuna agaare pupu u pupu u ta.

maasadu Maasaduri gore ora epe yaa adaa. Nipuna iriri kati pea. Nipuna ini kaduri gore adaalu aya. Nipuna ipula iri page gore ora ogesidaa adaalu aya. Nipuna etare raapara repena ininu nea. Nipuri pa repena palaa mada patea.

maipu Maipu ora epe pepena pi yaa. Nipuna maapara yaako pi yaba masuare agaa page nipuna kidipaa page kata. Nipuna masaananere kagaa karerene pia. Nipuri apaa waru awa epe adaa yaa pia. Nipuna etare gore epe repena ini oyae luabu pa nea. Agaare mumu loa ta.

makuṇana Makunanare kobere madaa ogesidaa adaa yaa pia. Nipuna iriri wape lepo pi pirala. Nipuri pa go repena maapara patala.

mapame Mapamere gore ora adaa yaa. Gore nipu repena ini oyaeyae nala. Nipu page repena maapara patea. Nipuna pepenare ni naade.

masaa Masaare gore nipu ora epe yaa ogesidaa adaa. Nipuna maaparare taga pea. Nipuna to iri luaburi gore kati pea. Nipuna etare repena ininu oyae luabu nea. Nipuna iriri epe tapulu aanumi mua awoa imi. Ipula iri page gore ogesidaa epe ta.

melepa Melepa ramaniri gore ada piri yaa. Nipu oge yaasi madaa ada itapapara agu pirala. Nipuna to luaburi koberea. Pare nipuna umupara yaako pea. Go yaare nipu itapapara agu piapulu aanumiri nanema oge nogo naakinumi neme.

modo maapuasi Modo maapuasi gore nipu maapuninini piri yaa. Nipu oge yaaga kobere page katipi page pia. Nipuri maapuninini piruaya. Raaparadaa go yaa modo maapua nipu napia.

mu Muri gore aria ini etea rabu so yaapara piri yaa ora adaapupe epea. Ora yada epa rulataboa pia raburi kona maawa koloa nema. Gore nipuna pepenare gupa: Robaa maaparare gore yaako pua yaba maya. Nipuna masaa kopaananere asawaku ia. Go yaa nipuri ora rede waru pea.

muma Mumare gore ora epe yaadaa dia pare nipuri epe rede pi yaa. Nipuna adare maapupara padi repara aya. Pa mo yagi putininini awaya. Nipuna iri luaburi gore ora wapelepo pea. Nipuna etare sapipara mena kolawipara kagaruki oyaeyae adaapu nea. Nipuna agaare seweke seweke ta. Gore epe rede pi yaa loa-re gore pa neme.

olasuba Olasubare gore nipuna iri tore pa yae nona pia. Nipuna ini agaare paratua ora adaape aya. Nipuna ini page kaane adaape aya. Nipuri repena suripara su agapaepara pirala.

ota Otare oge yaasiga repena osari ini etea raburi go yaa otasinu ipulumi. Ota medare maapara kaanesinu page medare pa koberenu page adaapu ipulumi. Ota, otaali, otaali maa kaane padane yaa binu.

pale Pale gore bulabula bi padane. Go yaa nipuri ora adaa epe yaa. Nipuna ipula iririri ora adaalupe aya. Nipuri asawaku rolo ia. Nipuna iri talialo uri aga maapara patea. Nipuna iri mo aga yo adaalu mada yolaboa patea. Eta rake ini oyaga ini oyaenu nea.

papola Papola gore adaa yaaga nipuri kobere pia. Nipuna iriri koberea. Goa puare to medapara uba podo podo ta.

peawisi Peawisiri gore oge yaasi meda. Nipuri katipisi mada raapara pia. Nipuna etare pa so raapara ini mua neme.

pebaro Pebarore gore kagaa rekene mada nipuna maaparare yaako pea. Nipuna ini kaduri adaalupe aya. Nipuna aanere lapone page yaako pea. Nipumiri kaupara matapara waru nala.

imuria

mu

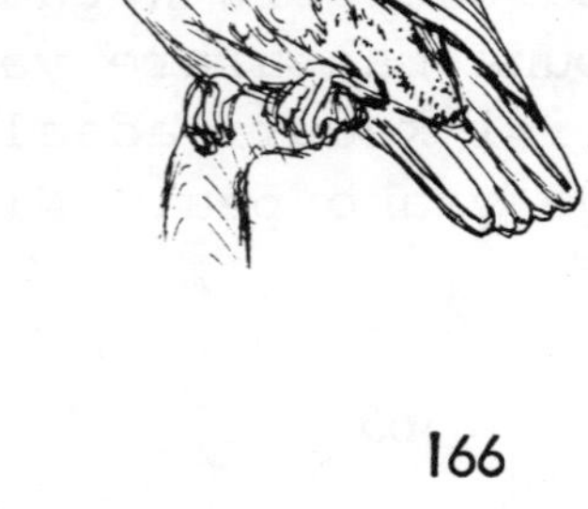

maipu

pebetakua

Pebetakuare gore oge yaasi ora adaapu reko pimi. Agaare mada pi mada paratea. Nipuna iriri katipi luabu aya. Nipuna aakoparare yaako pama pea. Nipuri ada adaalupe pua padanepara patalame.

pinapina

Pinapina gore oge yaasi meda gupa yaa mu raapu ipisa. Gore so yaapara pirua aria ini etesa rabu ipisa. Gore nipu ora ogesi pare nipuri katipisi. Gupa pebetakua nona piane yaa ipisa.

podo

Podore nipu repena maapara patea. Pepenare aalu maa sonere kaane iri aya. Nonere kobere aya. Nipuna ipula iriri ogesidaa adaalu aya. Nipuna nape etanuri repena ini oyaeyae adaapu nea. Nipuna agaare tete ta. Gore niaame epe mata pabape pepena ademapulu raaname omema.

pokasawea

Pokasawea gore nipuna pateaparare gore nipu maapu yagipara pamu patea. Nipu kabe repara page irayama repara page pa patea. Nipuna pepenare gore robaananere ora yaako pea. Masaananere gore pa wae irinu aya. Nipuri ora adaa yaape pia.

pubu

Puburi gore oge yaasi adaapu so yaa mada mago aya. Nipuri repena mada napia. Nipuri kobere oge yaasi. Gupa rumina nona pia. Aana suripara repena suri lapone patea. Nipuna etare ake nea palo maarea.

pupusi

Pupusi gore so raapara pirala. Nipuna pepenare koberea. Nipuna ipula iriri ogesidaa adaalu aya.

puti olasuba

Puti olasubare gore ora adaape. Nipuna ini page adaape. Nipuna kidipaa page abu pea. Nipuna iriri pa wae repena yo kabe yonu nona pea.

rodapi

Rodapiri gore oge yaasi meda pia. Nipuna tore pa katipi pia. Nipuri pa raapara pirua repena ini nea. Nipuri kabe maapara patala.

raiapula

Raiapulare gore nipu paaparare u patea. Ribaare pora pamea. Nipuri wape lepo pi yaa. Nipuna yagore gore oge itayama nona piane. Nipuri raaparadaa napia. Nipu maapu yagipara page kabepara page pia. Nipuna pepenare pa oto pi pia.

ramani

Ramaniri gore ada agu pirala. Nipu raaparadaa napia. Oro yaalo nipu ada gaapara page itapa adapara agu pia. Nipuna tore koberea. Pare umupara yaako pea. Nipuna iniri kabea.

ribuaya

Ribuayare gore yaa adaape. Nipuri neme. Nipuna tore kagaa karerene aya. Nipuna bi medare gore rodoyoa teme. Ribu asubaanu page gore ribuaya simi. Remoyaasi page gore ribuaya tama.

ridita

Riditare gore ora epe yaasi. Nipuna pepenare paakerupa pua nipu oge yaa. Nipuri raaparadaa napia. Nipu maapunini pia. Nipuna tore gore ora kobere madaa nipu yaako pala kobo rala pua epe pepena pea.

roaape

Roaapere gore nipu yaa epe pepena pea. Nipuna to luabu madaare kagaa karere yoare nipuna kaane iri opala pua epe yaa pia. Nipuna kidipaare gore kaane aya. Goa pua nipu epe yaa pia.

robakema

Robakemare gore nipu koberepara yaako pi lapo pia. Yaako pina iriri gore kobo rala yaako pala pua epe ta. Pare medare ora katipua ota. Nipuri raapara napia. Ada gaaninipara maapunini lapo pia. Nipuna apaare gore agapaepara sala. Nipuna biri meda remoyaasi tema.

robosi

Robosi gore oge yaasi meda pia. Nipuna agaare mada pea. Nipuna maapara iri yaako pea pare toniniri kaati pea. Nipuri raapara agu pia. Nipuna etare raapara oyae repena ininupara oyaenu nea.

rete

Retere gore ora epe pepena pi yaasi. Nipuri gore ora oge yaasi madaa nipuna iriri gore ora yaako waru pua pakene pia. Nipuri ipa ipudu agu pirua ipa mu ena oyae noaya.

rogeta

Rogeta gore ora oge yaa. Pare nipu repena palaa madaa patala. Nipuna pepenare gore ora epe tadaa dia. Nipu pa repena ini oyaeyae luabu nea. Nipuna agaa pawasi ta. Onaame epe yaa rede peaga pa neme.

olasuba

pale

pebetakua

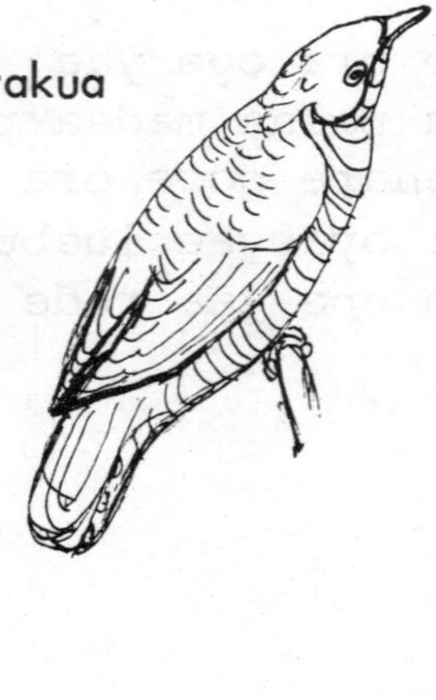

ota

rumanaki Rumanakiri gore ora epe yaape. Rumare gore ora adaa yaape yapulu nipu ora adaa repena maapara patea. Nipuna pepenare gore ora umunanere yaako pea. Madaananere gore taga pu kipiaya. Nipuri ora adaa yaape yapulu kidipaare yaa mataana nona pea.

sapinala Sapinalare gore ora adaa yaa. Nipuna iri luaburi amo pi pia. Nipuri ora gupa itayamanurupa pia. Gore so maaparare gore amo pu kilipita. Goa pua nipuri ora epe yaa adaa pia.

silo Silore gore yaa meda pia. Nipuri kati pu mada ora adaa yaa dia pa oge yaa pare nipuna tore ora abu pua epe ta. Abu pala kati pala pua pa uba podo podo ta.

sipilia Sipiliare gore ora oge yaasi nipu maapu yaginini pia. Nipuna ipula iri ogesidaa adaalu madaa nipu ora kati pi wae iri aya.

sulepera Sulepera gore nipu oboro nona piane yaa meda go supara pirala. Nipu kati pi si madaa ogesi pia. Nipuri ipa ipudu agu pirala. Su lepera yapulu nipuna etare supara i eta asa pua nala.

sumaipu Sumaipuri ora epe yaa nipuna iri page gore kagaa karerene ata kati pi ata pua pa uba podo podone yaa pia. Nipuri tua raburi apaa waru aya. Goa pua nipu ora raapara piri yaa.

supita Supita gore ora adaa yaa gupa yaa kuta nona piane pare nipuna iriri maapara epe amo pi iri aya. Masaananere kupa pea. Robaananere gore yaako pea. Nipu gore ora adaa yaa pia. Nipuna etare oyae luabu neme. Nipuna agaare gore ora puri paloa ta. Nipuri epe pepena pape iri ayapulu onaame raaname omeme.

tetole Tetolere gore ora oge yaasi. Nipu ipa ipudunini pia. Nipuri ora kati pisi mada ora ogesdi pia. Nipuri ora pa oboro nona pianega nipu wala yaasi pia.

te Te gore nipu repena maapara patea. Nipuna pepenare kaane iri aya. Kagaa karerene page aya. Goa pua ora epe pepena pea. Nipu pa ogesidaa adaa nona piane pia. Etare pa repena ini oyae luabu nea. Agaare tete ta. Niaa onaa luabumi yaa adoare ora raaname omema.

ugaga Ugaga gore adaa yaa madaa koberepe pia. Pare nipuna ini puri yaako pi aya. Nipuna to luaburi koberea. Nipu pa ogesidaa adaa nona piane pia. Nipuna etare oyaeyae luabu nea. Nipuna agaare aanumi ne nona pina ora puri palo ta. Nipu ora epe yaadaa dia pare onaame pa nape mada raaname omema.

ulu yaako Ulu yaakore ora yaa yaakoga imaa niti bi teme. Nipuna to luabu madaare gore yaako pea. Nipuna kuburi gore koberea. Nipuna aalu kebo mada opea iriri gore abu pi iri opea.

ulumu Ulumuri gore ora pokasaya meda maapu yaginini pia. Nipuna aaluri adaape. Ini apaa page ora adaape. Nipuna iriri umunanere gore yaako pea. Masaananere gore kati pea.

uta Uta gore no pauparanu piruaya. Nipu ora oge yaa yapare gore nipu raaparadaa napia. Nipu paupara page maapu yaginini agu pia. Nipuna etare supara piri oyaenu nea. Goa puare nipu repena palaanini madaa napia. Nipu supara agu pia.

utabe Utabe gore go page padane utaga nipu kaane si madaa nipu ora ogesi. Nipuna eta page nipu page gore paupara agu pirala.

wabi Wabiri gore no Erawepara pia pare nipuna pepenare bara raapu padanea pea. Pare wabi nipuna iri yaako pua padi raakepe neme adea. Nipuna ipula iriri gore ora adaalu aya. Robaapara page masaa-nane page gore iri rudunu aya. Pare niaame adema raburi epe pepena pape yae loa raaname omememaga awoa mata pabema.

yamu

puti olasuba

rumana

roaape

<u>watane</u>

Watane nipuna adare repena suripara page repena palaa madaa page patala. Nipuna pepenare kaane iri ata yaako pi iri ata kobere iri ata pua gore wapelepo pua aya. Gore nipuna pepena ora epe ta. Nipu ora epe adaa yaa pia. Nipuna etare gore sapipara repena ini medalomapara etea pare nea. Pa piruare epe ta. Pula aware toae toae lama pula. Gore onaa luabumi nipuna iri madaa pea pepena adoare ora epame omeme. Nipuna yagore ekepara tepodoropara pimi. Go yaa watane nipuri go yaana mudu pia.

<u>yagirete</u>

Yaa yagiretere gore nipu ora maapunini agu pia. Nipuri kati pisi madaa ora ogesi. Nipupara oboro lapore nipu padanerupa pipi. Go yaasi nipuri raaparare napia. Pa maapu yaginini agu pia.

<u>yaako</u>

Gore yaa yaako ora go supara adaapu napia. Pare go wagalupara pai kati ini rado rado ete raburi go yaakonu nimu ipulumi. Nipuri adaa repena maapara u patala. Apaa suare nipu repena suripara patala. Nipuna pepenare gupa: Ipula iri page nipuna to iri page gore ora luabu yaako pua nipu ora epe yae aya. Gore nipuna maapara kasade padanere gore abu pi opea. Nipuna rugiri gore kano pua adaniaaya. Gore ora adaa yaa pia. Agaare gupa ta: yaako yaako geya geya ta. Gore onaa luabumi go yaa ademe raburi ora raaname waru omeme. Gore niaa mata pababe yaega loa raaname omeme. Gore yaako nipuna ame meda napia. Nipu padane pia.

YAANU

yamamu Yamamuri gore ora epe yaa pare nipuna pepena eperupa napea. Pa taga pua ora ota. Nipuri ora adaa yaape pia. Nipuna etare rigina naata. Pare nipu ribaa pameaga nipu ake nea pae maarea. Nipuna agaare mu u mu u ta. Ora ogesidaa puri paloa e ta.

yamu Yamure gore nipuna pateaparare kawitulu madaa patea. Nipuna aapu talialo aapu rilawa meda mone epa odabawa meda one epa odaba puare patea. Nipuna pepenare ora eperupa pea. Nipuri kaane iri ata kagaa karerene iri ata puare ora epe pepena pea. Nipuna ipula iriri ora epe yae adaalu aya.

yamu kobene Yaa yamu kobenere gore ora epe yaa. Nipuna pepena page ora epe ta. Nipuna iri page adaalu aya. Nipuna iriri gore ora kagaa karerene page aya. Abu pi page aya. Goa puare ora kaloma maeyae pia.

yanayaga pobere Yanayaga poberere gore nipu raapara pia. Nipu ora ogesiga medare ora kobo roa ega nona pea. Medare ora kati puti si pirisa. Nipu ora iri rado rado page ora naepe pa iri padane piane lapo pipi.

yata pebaro Yata pebarore gore nipu ora epe iri aya. Nipuri oge yaasi mada inipu adaalupe aya. Nipuna robaaparare gore yaako pea. Masaananere gore kagaa karere ta. Goa pua nipuna epe pepena pea.

yatupa

Yatupare gore nipu repena maapara patea. Repena suripara page patea. Nipuna pepenare kaane iri popala yaako pi iri popala puare gore ora epe pepena pea. Nipuri ogesidaa adaa yaa pia. Nipuna etare gore pa repena ini oyaeyae luabu pa nea. Nipuna agaare yaae yaae loa ora puri pane agaa ta. Go yaa nipuri onaa luabumi adoa raaname omeme.

YAA MATAA

Yaa mataare puri waru ia. Nipuna kidipaa ora adaalu aya. Eta nalia rabu pima lobepara repena ini rado rado nea. Medalomana biri malaa ini, subi ini, kaane ini, marabe ini, papora ini, ina ini, malamale ini page nea. Nipuna ipula iri epe pepena pare iri luabu ora raaname omema. Ora adaa yaa mataare walega yaa tema. Nipuna iri koberere yaari riwi tema. Nipumiri apaa padanepara repo page mada salia. Onaanumi aari yapa ademe rabu mo yaa si apo sanadaa teme. Yomogaenumi masaa peraane madaa yae nolalo pemega su amaa mali adaalu piralima kone imi. Onanumi gupa teme: robaapara pirina mataa naliare ini perekealia.

Printed by the S.I.L. Printing Department
Ukarumpa, E.H.D., Papua New Guinea

Printed by the S.I.L. Printing Department
Ukarumpa, E.H.D., Papua New Guinea